Jörg Sczepek

*Photo*Wissen
Naturwissenschaften und Psychologie für Photographen

1 Bildentstehung, Raumtiefe, Größe

NaturWissenschaft
+Photographie

Impressum

© 2011 Jörg Sczepek
Alle Rechte vorbehalten

Herstellung und Verlag:
Books on Demand GmbH, Norderstedt

ISBN 9783842337138

Die Wiedergabe von Gebrauchsnamen, Handelsnamen, Warenbezeichnungen usw. in diesem Buch berechtigen auch ohne besondere Kennzeichnung nicht zu der Annahme, daß solche Namen im Sinne der Warenzeichen- und Markenschutzgesetzgebung als frei zu betrachten wären und daher von jedem benutzt werden dürften.

Text und Abbildungen dieses Buches wurden mit größter Sorgfalt erarbeitet. Verlag und Autor können jedoch für eventuell verbliebene fehlerhafte Angaben und deren Folgen weder eine juristische Verantwortung noch eine wie auch immer geartete Haftung übernehmen.

Soweit nicht ausdrücklich anders angegeben beziehen sich Brennweitenangaben auf das volle Kleinbildformat 24x36 mm und Belichtungswerte auf ASA 100.

„Die Rechtschreibreform führt zur Verflachung der deutschen Sprache und ist ein kostspieliger Unsinn" (Siegfried Lenz, 1996). Dieser Kritik und dem „Frankfurter Apell" schließt sich der Autor dieses Buches an und bleibt bei jenen Regeln, die als „alte Rechtschreibung" bekannt sind.

Inhaltsverzeichnis

Einleitung 6

1. Die Entstehung des wahrgenommenen Bildes
Erster Schritt – Erzeugung der Nervenimpulse 10
    Das Auge 10
    Die Netzhaut 12
    Die Photorezeptoren 14
Zweiter Schritt – Beginn der Informationsverarbeitung 16
Dritter Schritt – Kategorisierung der Informationen 20
Vierter Schritt – Weiterleitung und Filterung 26
Exkurs – Gehirn und Nervenzellen 26
Fünfter Schritt – Sortierung der Richtungen 29
    Sechster Schritt – Erzeugung der Eindrücke 33

2. Die Entstehung des photographischen Bildes
Silberbildträger 36
    Der Negativfilm 39
    Der Umkehrfilm 40
Elektronische Bildträger 41
    Chips & Chips – CCD und CMOS 44
    Analog & Digital 45
    Digitale Schwächen 48

3. Die Wahrnehmung des Raums und seiner Ausdehnung
Bausteine unserer Raumwahrnehmung 52
    Stereoskopie 53
    Konvergenz und Akkommodation 56
    Schärfe und Unschärfe 57
    Bewegungsparallaxe 58
    Fortschreitendes Zu- und Aufdecken von Flächen 59
    Verdeckung und Überschneidung 59
    Relative Größe 60
    Schattenwurf 60
    Zentralperspektive 62
    Atmosphärische Perspektive 64
    Farbperspektive 65

Inhaltsverzeichnis

4. Die photographische Abbildung des Raums
Faktoren der Raumabbildung 68
    Blickwinkel 69
    Blickrichtung 76
    Verdeckung 78
    Relative Größe 78
    Schattenwurf 78
    Atmosphärische Perspektive 79
    Farbperspektive 80
    Schärfe und Unschärfe 81
    Ebenen 82
    Maßstab 84
    Kontrolle und Korrektur der Zentralperspektive 86

5. Die Wahrnehmung der Objektgrößen
Bausteine unserer Größenwahrnehmung 92
    Der Sehwinkel 92
    Die Verrechnung der Entfernung 93

6. Die Abbildung der Objektgrößen in der Photographie
Faktoren der Größenabbildung 98
    Der Abbildungsmaßstab 98
    Aufnahmeentfernung und Brennweite 104
Sonderfall Makroaufnahmen 106
Größen, wie wir sie sehen 109
Digitale Größenmaße 113

7. Epilog – Was die visuelle Wahrnehmung tut und was die Fotografie tun sollte 116

8. Anhang
Anmerkungen 124
Literaturverzeichnis 124
Stichwortverzeichnis 130

Einleitung

Ein paar Worte vorweg

Die Reihe *Photo*Wissen ist ein Kind der Unzufriedenheit. Der Unzufriedenheit über die Gleichgültigkeit, mit der die populäre Standardliteratur über die eigentlichen Grundlagen der Photographie hinweggeht. Diese Grundlage ist unsere Art zu sehen, womit die physiologischen Fähigkeiten und Voraussetzungen unseres visuellen Systems gemeint sind. Viele Texte heben nur auf die technischen Details der Photographie ab, ohne deutlich zu machen, daß die Phototechnik nicht vom Himmel gefallen ist. Vielmehr basiert sie auf dem, was uns die Wissenschaft über unsere visuellen Fähigkeiten gelehrt hat. Eine der Grundlagen der Photographie sind also wir selbst!

Ein Beispiel. Da ich als Photograph dem Dia schon immer stärker zugeneigt war als dem Negativ, trieb mich lange eine Frage um: „Warum zum *bleep* verläuft die Charakteristik-Kurve beim Umkehrfilm so viel steiler als beim Negativmaterial?" – Im aktuell voll entbrannten Digitalzeitalter mag dies als Anachronismus gelten, aber ich belichte nach wie vor gern Diafilme. Vielleicht nur, um gegen den Strom zu schwimmen. Wie auch immer, auf der Suche nach einer Antwort auf diese Frage habe ich zahllose Buchseiten gewälzt, noch mehr Websites durchgeackert und viele Internetforen konsultiert. Die Liste der Ergebnisse war so vielfältig, wie die ihrer Quellen. Sie reichte vom schlichten „weil er länger entwickelt wird" über „damit die Farben gesättigter sind" bis zu „„ um den Motivkontrast im Dunklen richtig zu reproduzieren". Die richtige Antwort war also dabei, aber das konnte ich erst einschätzen, nachdem ich mich durch die Grundlagen unserer Visualität gearbeitet und gelernt hatte, daß wir den Kontrast und dunklen- und hellen Umgebungen unterschiedlich wahrnehmen. Der Band 3 dieser Reihe – *„Kontrast"* – widmet sich diesem Thema ausführlich.

Vielleicht meinen es die Autoren nur gut, wenn sie die interessierten Leser mit den tiefliegenden Einzelheiten verschonen, aber vielleicht kommt darin auch nur der inzwischen weit verbreitete Hang zu einfachen Wahrheiten zum Ausdruck. Fakt ist aber, daß das Erlangen echter Kenntnis selten leicht und bequem ist, am Ende aber immer einen immensen Vorteil darstell. Denn *„Luck favours the prepared mind"*, wie der US-Naturphotograph Galen Rowell so treffend geschrieben hat. Erst die Vorbereitung in Form von Wissenserwerb versetzt uns in die Lage, eine gewollte Situation zum richtigen Zeitpunkt herbeizuführen. So ist das Ziel der Reihe *Photo*Wissen also, die Verbindungen

Einleitung

zwischen der Natur, den Wissenschaften und der Photographie aufzuzeigen, damit die Technik leichter zu verstehen ist. Auf dieser Basis ergibt sich vieles dann ein gutes Stück weit von allein.

Im ersten Kapitel geht es darum, wie der Apparat in unseren Köpfen visuelle Daten erzeugt, wie sie in den verschiedenen Stationen verarbeitet werden und auf welche Weise daraus am Ende visuell wahrgenommene Bilder werden. An seinem Ende steht die Erkenntnis, daß die Welt die wir sehen, konstruiert und nicht bloß aufgefasst ist.

Kapitel zwei stellt dem die Grundlagen der photographischen Bildentstehung in der analogen Silberwelt und der digitalen Technik gegenüber.

Die Kapitel drei und vier widmen sich der Wahrnehmung bzw. Abbildung räumlicher Tiefe. Sie erläutern im Detail anhand welcher Bausteine das visuelle System den Eindruck von Raumtiefe aus der zweidimensionalen Abbildung auf der Netzhaut konstruiert und welche Faktoren diesen im ebenfalls flachen Photo befördern.

In den Kapiteln fünf und sechs geht es analog dazu um die Wahrnehmung bzw. Abbildung der Objektgrößen.

Am Ende der drei Hauptkapitel zur Bildentstehung, zur Wahrnehmung räumlicher Tiefe und zur Objektgröße steht eine physiologisch begründete Schlußfolgerung dazu, was wir in der Photographie tun sollten, um Bilder aufzunehmen, die das visuelle System größtmöglich erfreuen.

Aber um es gleich vorweg zu nehmen: Die Wissenschaft hat noch nicht alle Fragen dieses komplexen Themas beantwortet und bleibt uns allen hier und da ein paar Antworten schuldig. Doch was noch nicht zu erklären ist, schärft zumindest unsere Sensibilität für die Sache!

1 Die Entstehung des wahrgenommenen Bildes

Inhalt

Erster Schritt – Erzeugung der Nervenimpulse
    Das Auge
    Die Netzhaut
    Die Photorezeptoren
Zweiter Schritt – Beginn der Informationsverarbeitung
Dritter Schritt – Kategorisierung der Informationen
Vierter Schritt – Weiterleitung und Filterung
Exkurs – Gehirn und Nervenzellen
Fünfter Schritt – Sortierung der Richtungen
Sechster Schritt – Erzeugung der Eindrücke

Entstehung des wahrgenommenen Bildes

Erster Schritt – Erzeugung der Nervenimpulse

Das Auge

Die physische Reaktion der Lebewesen auf das das Licht ist entwicklungsgeschichtlich rund anderthalb Milliarden Jahre alt. Ihre Frühform diente den Organismen wahrscheinlich zur Umstellung der körperlichen Aktivität von der Nacht auf den Tag und die dazu notwendigen lichtempfindlichen Zellen auf der Haut können noch heute an primitiven Einzellern studiert werden. In einem folgenden Schritt wurden die Photorezeptoren in kleinen Gruben angeordnet, um sie gegen Streulicht zu schützen und die Wahrnehmung bewegter Schatten und damit einhergehender wahrscheinlicher Gefahr zu verbessern. Um diese frühen Augengruben gegen Fremdkörper zu schützen, entwickelten sich irgendwann durchsichtige Membranen über ihnen, die im Zuge der Evolution im Zentrum dicker wurden und den Grundstein für die Entwicklung einer Art Linse legten. Die ersten dieser Linsen dürften lediglich zur Verstärkung des Lichts gedient haben und es dauerte einige Millionen Jahre, bis sie wirklich brauchbare Bilder projizieren konnten. Erst vor ungefähr 800 Millionen Jahren haben sich Augen entwickelt, die dem Individuum mit unterschiedlichen Rezeptoren dazu verhalfen bei Tag und auch bei Nacht zu sehen. Für unser heutiges Sehen sind die Augen entscheidend, weil sie dem Gehirn zur Erfassung der visuellen Daten dienen. Und mögen die Augen streckenweise einer Kamera ähneln, so leiten sie doch nicht bloß ein scharf fokussiertes Bild an das Gehirn weiter, sondern übernehmen schon den ersten Teil der komplizierten Verarbeitung der gewonnenen Daten.

Beim menschlichen **Auge**, wie wir es heute kennen, handelt es sich um ein annähernd kugelförmiges Objekt von rund 2,5 cm Durchmesser. Nach außen hin wird es durch das dichte Gewebe der Lederhaut abgeschirmt, so daß nur

„In Looking at an object we reach out for it. With an invisible finger we move through the space around us, go out to the distant places where things are found, touch them, catch them, scan their surfaces, trace their borders, explore their texture. It is an eminently active occupation."
Rudolf Arnheim

Erster Schritt – Erzeugung der Nervenimpulse
Das Auge

durch den kleinen durchsichtigen Teil der Hornhaut Licht einfallen kann. Den größten Teil des Augeninnenraums nimmt die gallertartige Masse des sogenannten **Glaskörpers** ein, die das ganze in Form hält und die empfindlichen Teile des Innenlebens schützt. Die von der Bindehaut bedeckte **Hornhaut** ist die am weitesten außenliegende Funktionseinheit des Auges. Sie bricht das einfallende Licht am stärksten und sorgt im Zusammenspiel mit der Linse für ein scharfes Bild. Hinter einem kleinen mit Kammerwasser gefüllten Hohlraum liegt die **Iris** (Regenbogenhaut) als nächste Station im Innern. Sie besteht aus feinem Bindegewebe, in welches die pigmentierten Zellen eingelagert sind, die den Augen ihre unterschiedlichen Farben geben. Doch das ist nur Mittel zum Zweck, denn bis auf die **Pupille** (auch Sehloch oder Irisblende genannt) im Zentrum muß die Regenbogenhaut absolut lichtdicht sein. Die ganz hinten im Auge gelegene Netzhaut, auf der sich das gesehene Bild abbildet, paßt sich nämlich nur langsam an Änderungen der Leuchtdichte an und so kommt der Regenbogenhaut die Schutzfunktion einer schnell schließenden Blende zu. Sie reguliert die Größe der Pupille zwischen 2 mm und 8 mm und kann die einfallende Lichtmenge damit um 2 logarithmische Einheiten reduzieren oder er-

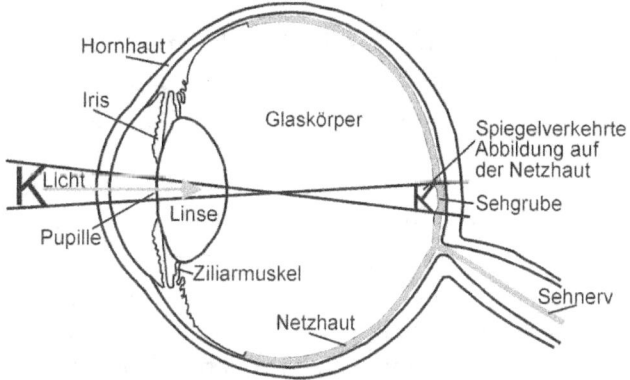

Abb. 1: Schnitt durch das menschliche Auge

höhen. Erst nach der Sofortstellung durch die Regenbogenhaut gewöhnen sich die Sinneszellen der Netzhaut an die veränderte Leuchtdichte. Neben der Regulierung der Lichtmenge weist die Irisblende noch eine weitere Analogie zur Kamerablende auf, denn ihre Verengung vergrößert beim Nahsehen die Tiefenschärfe.

Um einen Blick durch die Pupille ins Auge zu tun, braucht es den Kunstgriff eines Augenspiegels, da der Kopf der beobachtenden Person immer einen Schatten wirft. Nur beim Photographieren mit Blitzlicht werfen wir oft einen dann allerdings ungewollten Blick ins Augeninnere. Steht der Blitz nämlich zu nah an der Aufnahmeachse des Objektivs und ist die Pupille aufgrund des schwachen Umgebungslichts weit geöffnet, erscheint die gut durchblutete Netzhaut als rote Reflexion im Bild. Abhilfe leisten Blitzgeräte,

Entstehung des wahrgenommenen Bildes

die die Pupille durch eine Serie von Vorblitzen dazu bringen sich zu verengen (wodurch kaum Licht zurück reflektiert werden kann) oder die Möglichkeit den Blitz entfesselt (von der Aufnahmeachse versetzt) einzusetzen.

Unmittelbar hinter der Regenbogenhaut befindet sich die **Linse**. Sie ist für die Anpassung des Auges an die unterschiedlichen Objektentfernungen verantwortlich. Zu diesem Zweck kontrahiert oder entspannt sich der rechts und links am Augenrand gelegene Ziliarmuskel und gibt diese Bewegung über die Zonulafasern an die Linse weiter, die in ihrer Krümmung verändert wird. Ist das Objekt, auf das fokussiert werden soll, weiter als sechs Meter entfernt, fallen die Lichtstrahlen praktisch parallel auf die Netzhaut ein und liefern eine scharfe Abbildung. Liegt es dagegen näher, verschiebt sich die Bildebene hinter die Netzhaut und die Strahlen fallen nicht mehr parallel ein. Um dies Nahsehen zu ermöglichen, kontrahiert der Muskel und entspannt erstaunlicher Weise die Zonulafasern, so daß sich die Linse stärker abrundet. Durch die stärkere Krümmung wird das Licht auch stärker gebrochen und die Bildebene verschiebt sich so weit nach vorn, daß das nun scharfe Bild wieder auf die Netzhaut fällt. Diese **Akkomodation** genannte Art der Einstellung verhindert die Übertragung von Muskelzittern an den optischen Apparat. Ähnlich einer Zwiebel ist die Linse aus Schichten aufgebaut. Im Laufe unseres Lebens vergrößert sie sich, indem an ihrer Außenseite neue Zellen angelagert werden. Dieser Wachstumsvorgang hat leider den Nebeneffekt, daß die innenliegenden älteren Zellen mit der Zeit von der Nährstoffzufuhr abgeschnitten werden und ihre Elastizität verlieren. Mit zunehmendem Alter kann die Linse dann nicht mehr für die Anpassung des optischen Systems an verschiedene Entfernungen sorgen und eine Brille oder Kontaktlinse muss dieses Defizit ausgleichen.

Durch das Zusammenspiel von Hornhaut, Regenbogenhaut, Pupille und Linse entsteht ein scharfes, verkleinertes und auf dem Kopf stehendes Abbild unserer Umgebung auf der Augeninnenseite und der sie auskleidenden Netzhaut, ganz so, wie in einer Camera Obscura. Lange Zeit glaubte man das Gehirn würde dieses auf die Netzhaut projizierte Bild durch eine Art „inneres Auge" als Ganzes interpretieren. Doch die moderne Forschung hat gezeigt, daß die visuelle Wahrnehmung viel komplexer ist.

Die Netzhaut

Die Netzhaut oder Retina ist evolutionsgeschichtlich ein nach außen

Erster Schritt – Erzeugung der Nervenimpulse
Die Netzhaut

verlagerter Teil der Gehirnoberfläche. Sie ist nur $^1/_{10}$ mm stark und beinhaltet mehr als 200 Millionen dicht über- und nebeneinandergepackte, hochspezialisierten Nervenzellen. Auf sie fällt das auf dem Kopf stehende Abbild unserer Umgebung. Entsprechend der Rundung des Augapfels ist die Netzhaut eine gekrümmte Ebene und bietet so den Vorteil des an jeder Stelle gleichen Abstands zur Linse und der ebenfalls überall scharfen Abbildung. Darüber hinaus geht mit der Krümmung die unabhängig vom Einfallswinkel des Lichts gleiche Proportion des Abbildungsmaßstabs einher.

Bemerkenswert an der Struktur der Retina ist die Tatsache, daß ihre funktionellen Schichten so übereinander liegen, daß das Licht die photosensiblen Zapfen- und Stäbchenzellen erst nach dem Passieren der darüberliegenden neuronalen Zellen erreicht. Diese Anordnung entspricht dem Einlegen eines Films mit der photographisch aktiven Seite nach außen und unterdrückt das kontrastmindernde Streulicht. Sie ist gefahrlos möglich, da sich das zuoberst liegende Nervengeflecht nicht bewegt und die nachgeschalteten Verarbeitungsstufen solche stillen Reize aus unserem bewussten Sehen ausblenden.

Von hinten nach vorn folgen auf die **Photorezeptoren** zunächst die **Horizontalzellen**, dann die **Bipolar-**

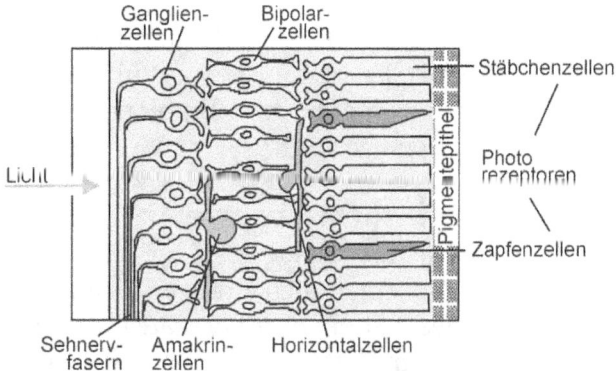

Abb. 2: Schnitt durch die Netzhaut

und **Amakrinzellen** und schließlich die **Ganglienzellen**. Jede dieser Neuronenarten kommt in verschiedenen Spielarten vor und erfüllt die folgenden grundlegenden Funktionen. Beispielsweise gibt es mehr als ein Dutzend verschiedener Typen von Amakrinzellen und zwei Hauptgattungen von Ganglienzellen, die kleinen **Magnozellen** und die großen **Parvozellen**. Beide spielen im Abschnitt „Kategorisierung der Informationen" eine wichtige Rolle.

Die Bipolarzellen erhalten ihre Eingangssignale direkt von den Photorezeptoren und viele von ihnen sind direkt mit den Ganglienzellen verschaltet. Die Horizontalzellen übertragen Daten zwischen einzelnen Rezeptoren und die Amakrinzellen tun selbiges zwischen einzelnen Bipolarzellen. Durch diese Art der Verschaltung wird a) für die Möglichkeit der Rück-

Entstehung des wahrgenommenen Bildes

koppelung (laterale Hemmung) und b) für die Zusammenfassung einzelner Rezeptoren bzw. Bipolarzellen zu Gruppen gesorgt.

Die Photorezeptoren

Das Licht ist der Träger der visuellen Informationen und die Optik des Auges läßt ein darüber transportiertes zweidimensionales Abbild der Umgebung und der Gegenstände auf der Netzhaut entstehen. Dort wird das enthaltene Energiepotential von dafür bestimmten Sensoren, den **Photorezeptoren**, interpretiert. Auf dem jetzigen Stand der Evolution ist jede unserer Netzhäute mit annähernd 120 Millionen hoch spezialisierten Sinneszellen ausgestattet, die das Licht in elektrische Signale umwandeln und das visuelle System über die Intensität und chromatische Zusammensetzung des einfallenden Spektrums informieren. Hier unterscheiden wir die nach ihren charakteristischen Formen benannten rund 110 Millionen **Stäbchenzellen** und die circa 6 Millionen **Zapfenzellen**.

Beide Rezeptortypen sind von grundsätzlich gleicher Struktur, die sich in das **äußere Segment**, das innere Segment und den synaptischen Körper gliedert. Sie stehens „kopfüber" auf der Retina, damit ihre Signalqualität durch möglichst wenig reflektiertes Licht gemindert wird. Das äußere Segment besteht aus gut 1 000 übereinandergestapelten Membranscheiben, welche das photochemisch aktive Pigment enthalten. Dies ist der eigentliche Schlüssel zum Sehen und bei ihm handelt es sich um Verbindungen aus dem großen Protein Opsin und dem kleinen lichtempfindlichen Molekül Retinal, einem Derivat des Vitamin A. Da sie Licht absorbieren, besitzen sie eine charakteristische Farbe, ein relativ dunkles opakes Purpur das wir auch Sehpurpur nennen. Das nach der Belichtung gebleichte, also zerfallene, Pigment ist von undurchsichtiger weißer Farbe

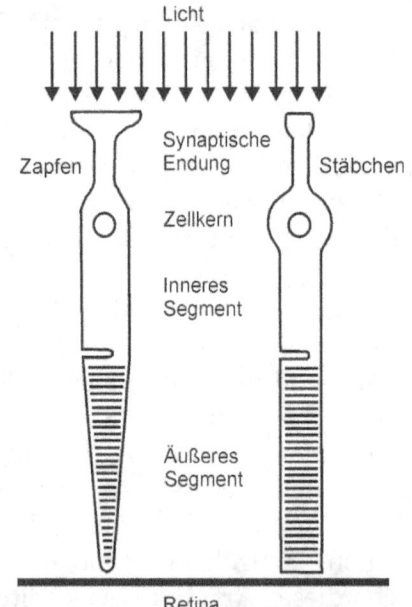

Abb. 3: Schnitt der beiden Rezeptorarten

Erster Schritt – Erzeugung der Nervenimpulse
Die Photorezeptoren

und für den Sehvorgang nutzlos. Die Aufgabe es zu ersetzen übernimmt das **innere Segment**. In ihm werden die verbrauchten Moleküle regeneriert, in neue Membranscheiben integriert und an das äußere Segment weitergegeben, in dem sie langsam bis zur Spitze emporwandern. Darüber hinaus enthält das innere Segment den Zellkern und die Mitochondrien (die „Kraftwerke" der Zelle), die über die Proteinsynthese den Energiestoffwechsel aufrecht erhalten. Über den synaptischen Körper schließlich stellt der Rezeptor die Verbindung zu den nachgeschalteten retinalen Zellen her.

Die **Stäbchenzellen** enthalten alle das photochemisch aktive Pigment Rhodopsin und sind damit für den Wellenlängenbereich zwischen 440 nm und 620 nm (grün-gelb) empfindlich. Die **Zapfenzellen** sind mit je einem von insgesamt fünf verschiedenen Pigmenten aus der Gruppe der Iodopsine gefüllt, die den spektralen Bereich zwischen 400 nm (Blau) und 700 nm (Rot) abdecken, mit einem Empfindlichkeitsmaximum bei 580 nm (Gelb). Verantwortlich für die Abgrenzung des Wellenlängenbereichs ist der genetische Bauplan des Opsin. Entsprechend dieser Zuordnung werden sie auch als K-Zapfen (kurzwellig, blau), M-Zapfen (mittelwellig, gelb) und L-Zapfen (langwellig, rot) bezeichnet.

Da der Prozess der **Pigment-Bleichung** entscheidend für den gesamten visuellen Vorgang ist, wollen wir ihn noch mal ganz genau unter die Lupe nehmen. In der Dunkelheit besteht zwischen dem Zellinneren und -äußeren aufgrund eines beständigen Einstroms von Natrium-Ionen ein elektrischer Potentialunterschied von -30 mV (man sagt die Zelle ist depolarisiert). In diesem Zustand werden über die Synapse permanent Botenstoffe freigesetzt, die die weiterverarbeitenden Zellen der Retina hemmen. Bei Belichtung zerfällt das photochemisch aktive Pigment in seine Bestandteile, das Protein Opsin und den Farbstoff Retinal, und das nun freie Opsin verändert über eine Enzymkaskade die Durchlässigkeit der Zellmembran. Die Durchleitungskanäle schließen sich, so daß der für Potentialausgleich sorgende Nachfluß von Natrium-Ionen unterbleibt und das Membranpotential auf seinen Ruhewert von -70 mV fällt (man sagt die Zelle ist hyperpolarisiert). Da der Rezeptor jetzt keine Botenstoffe mehr aussendet und die nachgeschalteten Zellen der Retina nicht mehr hemmt, senden diese ein Erregungssignal weiter in dessen Folge wir einen Helligkeits- und Farbeindruck wahrnehmen.

Warum wir gerade für den schmalen Bereich des Spektrums zwischen gut 400 und 70 nm sensibel sind? – Nun,

Entstehung des wahrgenommenen Bildes

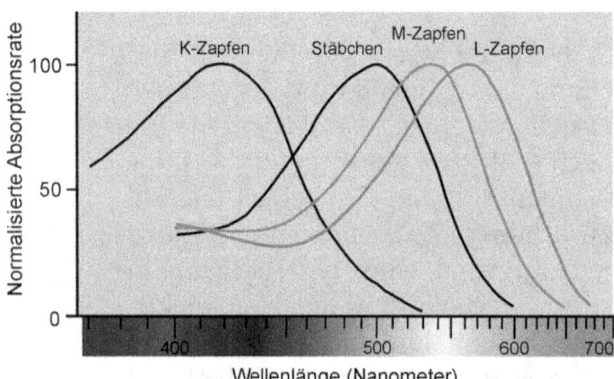

Abb. 4: Normalisierte Absorptionsspektren der Stäbchen- und Zapfenzellen (1).

Strahlung im Wellenlängenbereich unterhalb von 380 nm (Ultraviolett) ist so energiereich, daß sie die Photopigmente in unseren Augen schnell zerstören und, innerhalb eines etwas längeren Zeitraums, die Augenlinse gelb trüben würde. Manche Vogelarten und Insekten haben eine Empfindlichkeit für UV-Licht entwickelt, sterben aber bevor diese messbaren Schaden anrichten kann. Größere Säuger, wie wir, besitzen eine längere Lebensspanne und müssen ihr visuelles System deswegen diesen schädigen Einflüssen anpassen. Auf der anderen Seite des Spektrums sind Wellenlängen oberhalb von 780 nm (Infrarot) primär Wärmestrahlung und diese gibt wenig Auskunft über die Beschaffenheit der Objekte. Auf Infrarotfilm sieht ein Gesicht aus wie ein heißes Eisenskelett und deswegen gibt es unter Tageslicht anhand dieser langwelligen Strahlung wenig über die Welt zu lernen. Unser Sehen schenkt also den Enden des Spektrums wenig Beachtung und ist statt dessen auf jenen mittleren Bereich konzentriert, der am stärksten und unterschiedlichsten mit der Materie interagiert und uns am meisten über die Welt verrät.

So beginnt der Mechanismus des Sehens: Das Licht verändert die Photopigmente, dies stößt eine elektrochemische Reaktion an, die die Aktivität der synaptischen Verbindung beeinflußt und einen Impuls an das Nervensystem leitet. Aber die Augen sind mehr als rein optische Instrumente. In ihnen läuft nur die erste Verarbeitungsstufe der visuellen Daten ab.

Zweiter Schritt – Beginn der Informationsverarbeitung

Nun wissen wir also, wie aus Licht Nervenimpulse werden. Etwas, mit dem das Nervensystem arbeiten kann. Aber damit fangen die Probleme erst an, denn diese Impulse werden keineswegs einfach so irgendwo hin transportiert und dann irgendwie wahrgenommen. Stattdessen tut das visuelle

Zweiter Schritt – Beginn der Informationsverarbeitung Center/Surround Organisation

System etwas mit den Daten dieser ersten Stufe. Was es genau macht, wird anhand eines Beispiels deutlich. Betrachten Sie einmal Abb. 5. Da ist eine Abfolge von Flächen unterschiedlicher Graufärbung dargestellt, die in sich keine Farbgraduierung besitzen. Trotzdem fällt Ihnen sicher auf, daß die einzelnen Streifen als Verläufe von hell nach dunkel erscheinen und der Helligkeitsunterschied an den Grenzen verstärkt ist. Dieser Effekt wird nach seinem Entdecker, dem Physiker und Philosophen Ernst Mach (1838-1916), als **Machsche Streifen** bezeichnet und es war lange unklar, wie sie entstehen.

Die Erklärung und gleichzeitig die Erkenntnis, daß Sehen mehr ist als die bloße Beförderung des Retinabildes an eine Stelle im Gehirn an der es betrachtet wird, haben wir Stephen Kuffler (1913-1980) zu verdanken. Seine Forschungen brachten den Beweis dafür, daß Sehen ein Prozess der Informationsverarbeitung ist, denn er entdeckte in den 1950er Jahren den ersten und wichtigsten Schritt dieser Kaskade. Er zeichnete die Aktivität retinaler Ganglienzellen auf und stellte fest, daß er sie mit kleinen Lichtpunkten zum „Feuern" anregen konnte. Natürlich war schon lange klar, daß das Auge auf Licht reagiert, aber Kuffler ging sehr systematisch vor und erkannte, daß die Zellen umso besser reagierten,

Abb. 5: Machsche Streifen

je kleiner der reizende Lichtpunkt war. Aus dem Umstand, daß große Punkte weniger effektiv waren als kleine schlußfolgerte er, daß die Ganglienzellen durch das auf die Zentren ih-

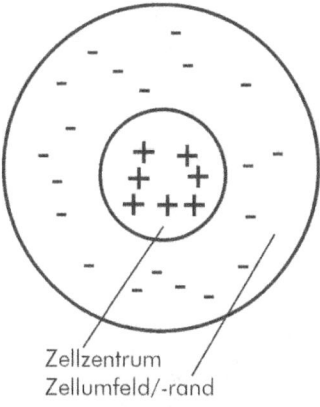

Abb. 6: Eine retinale Ganglienzelle in Center/Surround Organisation. Die Plus- und Minuszeichen zeigen an, welche Bereiche ihres rezeptiven Feldes wie auf Licht reagieren.

Entstehung des wahrgenommenen Bildes

rer rezeptiven Felder (der von ihnen abgedeckte Netzhautbereich) einfallende Licht nicht nur erregt, sondern gleichzeitig gehemmt wurden, wenn Licht auf die unmittelbare Umgebung der Zentren fiel (Kuffler 1953).

Dieser Zellorganisation wird **Center/Surround** genannt und ist von fundamentaler Bedeutung für die Reizverarbeitung im Nervensystem, denn sie macht die Zellen empfindlich für die Unterbrechungen der Lichtmuster im Retinabild (die Kanten und Grenzflächen der Objekte) und unempfindlich gegen Änderungen der absoluten Lichtmenge bzw. deren stufenweise Veränderung, die beide von weniger großer Bedeutung sind. Eine ganze Anzahl visueller Wahrnehmungen, beispielsweise Helligkeit, Farbe, Bewegung und räumliche Tiefe, basiert auf der Center/Surround Organisation.

Mit der Center/Surround Organisation lassen sich die Machschen Streifen anhand Abb. 7 wie folgt erklären: Zelle A wird durch den im Vergleich dunkelsten Streifen am wenigsten erregt. Das rezeptive Feld von Zelle B fällt dagegen auf den hellsten Streifen, wodurch sie am stärksten erregt wird. Das positiv auf Lichteinfall reagierende Zentrum von Zelle C fällt vollständig in den dunkelsten ersten Streifen, ihr negativ reagierendes Umfeld liegt demgegenüber zu einem Teil innerhalb des etwas helleren zweiten Streifen. Aus diesem Grund generiert das Umfeld eine hemmende Reaktion, die die Zelle im Ergebnis einen dunkleren Streifen „sehen" läßt als jene Zellen, deren rezeptive Felder komplett innerhalb desselben Streifens liegen (beispielsweise Zelle A). Das umgekehrte Phänomen erkennen wir an Zelle D. Ihr positiv auf Licht reagierendes Zentrum liegt ganz im hellsten dritten Streifen, ihr negativ antwortendes Umfeld zu einem Teil im dunkleren Mittelstreifen. Auch hier generiert das Umfeld eine hemmende Reaktion, die die Zelle diesmal einen helleren Streifen „sehen" läßt als Zelle B.

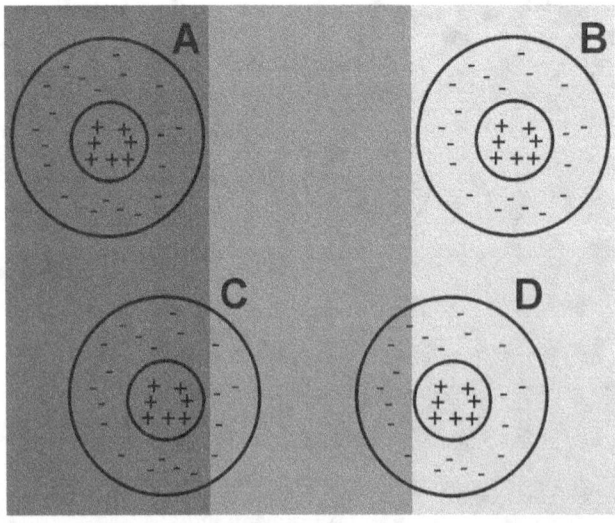

Abb. 7: Erklärung der Machschen Streifen

Zweiter Schritt – Beginn der Informationsverarbeitung Center/Surround Organisation

Die Kontrastverstärkung (daß die Innenkanten dunkler und die Außenkanten heller erscheinen) an den Grenzen zwischen den einzelnen Streifen in Abb. 5 ist also auf die Konkurrenz zwischen Zellen, deren rezeptive Felder ganz innerhalb eines Streifens liegen und solchen, deren rezeptive Felder zu einem Teil im jeweils anderen Streifen liegen zurückzuführen. Die wahrgenommenen Helligkeitsverläufe innerhalb der Streifen rühren daher, daß die Zellen mit zunehmender Entfernung zur Kante immer weniger und irgendwann gar nicht mehr von ihrem Umfeld gehemmt werden und so eine feine Treppenbildung entsteht.

Fehlt noch die Begründung für die Herausbildung der Center/Surround Organisation. Es ist sehr sinnvoll, weil ökonomisch, daß das visuelle System die Objekte anhand der Unterbrechungen der Lichtmuster verarbeitet, denn so braucht es nur jene Bildteile zu kodieren, an denen sich etwas verändert und nicht etwa das Bild als ganzes. Kanten und Grenzflächen sind die einzig wichtigen Informationen, die der Apparat in unseren Köpfen braucht, um die Formen, die Gestalten der Dinge in unserer Umwelt zu konstruieren. Es ist unnötig, Helligkeit und Farbe an jedem einzelnen Punkt eines beispielsweise durchgehend roten Gegenstands zu definieren. Statt dessen reicht es

Abb. 8: Graphik im .tif Format, 4575 KB

völlig aus dies überall dort zu tun, wo sich etwas ändert. Und das ist eben an einer Kante oder Grenzfläche der Fall. Auf diese Weise reduziert sich die zu übertragende und zu verarbeitende Informationsmenge erheblich. Um wie viel genau, illustrieren Abb. 8 und 9. Abb. 8 liegt im .tif Format vor und ist 4575 KB groß. Tif legt jedes einzelne Pixel im Hinblick auf seine Farbigkeit fest. Abb. 9 ist ins .jpeg Format gewandelt worden und nur noch 29 KB groß

Abb. 9: Graphik im .jpeg Format, 29 KB

Entstehung des wahrgenommenen Bildes

– 157 mal kleiner also, ohne daß wir einen Unterschied wahrnehmen. Die Reduzierung rührt daher, daß .jpeg, genau wie das visuelle System, nur jene Pixel definiert, an denen sich etwas ändert. In der Datei steht nur die Position der Kante und die Farbe auf der Innen- bzw. Außenseite. Die Pixel dazwischen füllt das Bildverarbeitungsprogramm automatisch.

Diese Reduzierung der Informationsmenge ist für das Nervensystem im Allgemeinen eminent wichtig, denn damit eine Nervenzelle feuert, ist Energie nötig und mit diesem Rohstoff muss der Körper so sparsam wie möglich umgehen. Bedenken Sie, daß das Gehirn einen besonders hohen Sauerstoff- und Energiebedarf besitzt. Es macht nur etwa 2 % der Körpermasse aus, verbraucht aber etwa 20 % des Sauerstoffs und mehr als 25 % der Glukose. Je weniger Nervenzellen aktiv sind, umso besser ist es also für den Organismus.

Dritter Schritt – Kategorisierung der Informationen

Noch bevor die vom Lichtreiz ausgelösten Aktionspotentiale der Nervenzellen die Netzhaut verlassen, findet eine wichtige Informationsteilung statt. Etwas weiter oben war bereits die Rede davon, daß die Retina über zwei Hauptgattungen an Ganglienzellen verfügt, die kleinen **Magno-Ganglienzellen** und die großen **Parvo-Ganglienzellen**. Beide Arten sind über die ganze Netzhaut verteilt und erhalten ihren Input über die Verzweigungen am oberen Ende, die Dendriten. Je ausgeprägter die Dendriten sind, mit umso mehr Photorezeptoren stehen sie in Kontakt. Die Anzahl dieser Kontakte bezeichnet man als rezeptives Feld der Zelle. Egal an welcher Stelle der Retina, die großen Magno-Ganglien besitzen immer größere rezeptive Felder als die kleinen Parvo-Zellen. Über den Nervenausgang an ihrer Unterseite schicken die Ganglienzellen ihre Signale ans Gehirn. Die Zusammenfassung all dieser Fasern ist der Sehnerv, der das Auge am sogenannten blinden Fleck der Netzhaut verlässt.

Die Unterscheidung der Magno- und Parvo-Ganglien ist von so großer

Dritter Schritt – Kategorisierung der Informationen
Wo und Was

Bedeutung, weil sie zwei unterschiedliche Wahrnehmungskanäle begründen, von denen der eine farbenblind ist (also nur Helligkeitswerte nutzt) und der andere farbempfindlich ist: das **Wo-System** und das **Was-System**. Beide Kanäle ziehen sich von dieser letzten Schicht der Netzhaut bis in die höheren Hirnareale. Dort ist die Informationstrennung dann allerdings nicht mehr ganz strikt, denn mit zunehmender Spezialisierung der Verarbeitung zeigt sich, daß unterschiedliche visuelle Attribute kombiniert verarbeitet werden (Gegenfurtner, Kiper & Fenstemaker 1996). Für die Wahrnehmung von Form und Bewegung ist beispielsweise nachweisbar, daß wir sie auch an Objekten erkennen, die nur durch Farbe bestimmt sind [deren Helligkeitswerte gleichwertig – isoluminant – sind] (Gegenfurtner & Hawken 1996).

Aus der Untersuchung von Affen, deren magno- bzw. parvozelluläre Schichten im Corpus geniculatum laterale (siehe nächster Abschnitt) experimentell zeitweise ausgeschaltet wurden, wissen wir, daß beide Systeme die von ihren Vorgängerzellen gelieferten Informationen nach unterschiedlichen Aspekten verarbeiten. Tiere, bei denen die Magno-Schichten unterbrochen wurden, wiesen deutliche Einschränkungen des Bewegungssehens auf, während solche mit Hemmung der Par-

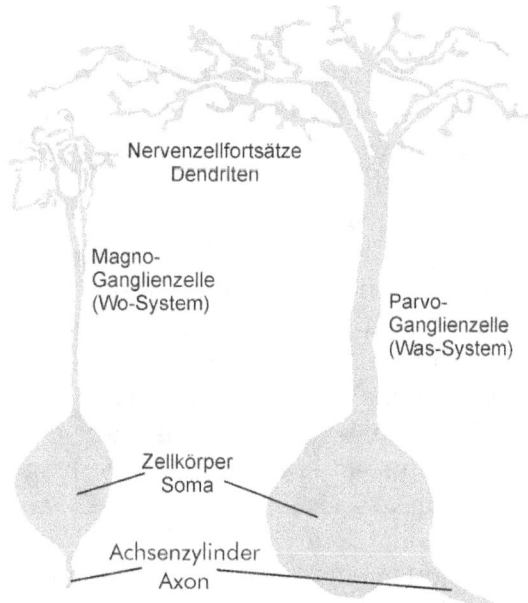

Abb. 10: Magno- und Parvo-Ganglienzellen

vo-Schichten Defizite in der Farb- und Tiefenwahrnehmung zeigten (Schiller, Logothetis, Charles 1990). Versuche mit Menschen, die einen räumlich eng begrenzten Schlaganfall erlitten haben, unterstützen diese Erkenntnisse. Erlitten sie Läsionen im Zweig des Wo-Systems, so wiesen sie verschiedene Apraxien auf, also Störungen in der visuellen Informationsverarbeitung, die der Steuerung motorischer Funktionen zugrunde liegt. Schädigungen im Zweig des Was-Systems führten zu Agnosie (Störung der Objekterkennung), Prosopagnosie (Störungen in der Fähigkeit Gesichter zu erkennen) oder zentra-

Entstehung des wahrgenommenen Bildes

ler Achromatopsie (Verlust der Farbwahrnehmung). Die Untersuchungen erbrachten zudem Hinweise darauf, daß das Was-System nochmals unterteilt ist in ein Formsystem, welches sowohl Helligkeit als auch Farbe nutzt, um die Umrisse von Objekten zu definieren und ein geringer auflösendes Farbsystem, daß die Oberflächenfarbe bestimmt. Die nebenstehende Tabelle faßt die Eigenschaften der beiden Hauptkanäle detailliert zusammen.

Nun stellt sich natürlich die Frage, warum das visuelle System die Wahrnehmung derart unterteilt und parallelisiert hat und warum sich die beiden Kanäle in ihren Eigenschaften so unterscheiden. Die Antworten liefert ein Blick in die Evolutionsgeschichte. Das Wo-System ist alt und in allen Säugetierarten zu finden. Ihnen genügt es, sich in ihrer Umgebung räumlich zu orientieren, Objekte zu unterscheiden und, besonders wichtig, Bewegungen zu erkennen, denn was sich bewegt, ist entweder Nahrung oder ein Fressfeind, also wichtig. Um diese Anforderungen zu erfüllen, ist es unnötig Farben wahrzunehmen oder Objekte ganz genau zu erkennen. All dies gewann erst mit der Entwicklung der höheren Säugetierarten an Bedeutung, an deren Spitze die Primaten stehen. Anstatt nun für sie ein ganz neues visuelles System auszuklamüsern, behielt die Evolution das alte bei und legte einfach nur eine zweite Schicht darüber, die die jetzt notwendigen Fähigkeiten mitbrachte. Dies ist vielleicht nicht der fehlerfreieste Weg, aber ganz bestimmt der einfachste und resourcenschonendste. Und nach der letzten Prämisse handelt die Evolution immer.

Das Argument der Resourcenschonung läßt sich zur Begründung für die getrennte Informationsverarbeitung noch weiter ausführen. Denn es ist besonders wirkungsvoll und effizient jene Daten, die dasselbe beschreiben, auch zusammen und vor allem an derselben Stelle zu verarbeiten. In diesem Sinne ergibt sich eine natürliche Trennung jener Informationen, die die Form und Farbe eines Objekts definieren von denen, die seine Position im Raum oder Bewegung angeben. Unter der Maßgabe dieser Trennung braucht das Gehirn nicht womöglich weit entfernte Bereiche miteinander zu verbinden, was eine Verschwendung der knappen Mittel wäre, und kann jeden Einzelbereich in der notwendigen Art spezialisieren.

So besteht die Hauptaufgabe des neuronalen Netzwerks in der Retina darin, die Ausgabesignale der Photorezeptoren nach bestimmten Merkmalen zu kanalisieren. Farbe, Form, Bewegungsrichtung und Geschwindigkeit sind hier die Hauptschlagworte.

Dritter Schritt – Kategorisierung der Informationen
Wo und Was

	Wo-System Magnozellulär	Was-System Parvozellulär
Farbe	Ist farbenbling	Verarbeitet Farbinformationen
Kontrast	Besitzt hohe Kontrastempfindlichkeit	Benötigt eine größere Unterschiedsschwelle zwischen hell und Dunkel
Geschwindigkeit	Arbeitet mit hoher Geschwindigkeit, ermüdet dafür aber schnell. Es führt also nur eino-berflächliche Analyse der Szene durch.	Läuft mit geringerer Geschwindigkeit und ist aus diesem Grund ausdauernder. Denn es dient dazu eine Szene detailliert zu erschließen
Auflösung	Ist gering, weil die Ganglienzellen mit jeweils allen drei vorkommenden Photorezeptoren verschaltet sind	Ist um den Faktor zwei bis drei höher, weil die Ganglienzellen mit nur einem oder zwei Photorezeptoren verschaltet sind. Der Was-Kanal ist selbst jedoch weiter unterteilt in ein Formsystem, das Helligkeits- und Farbinformationen nutzt, um die Formen der Objekte zu erkennen, und ein gering auflösendes Farbsystem, welches die Oberflächenfarben beschreibt.

Aus dem Bild eines auf einer belebten Straße an uns vorbeifahrenden roten Autos werden Daten nach diesen Gesichtspunkten extrahiert: Geschwindigkeit und Richtung der Fahrt und aller weiteren Bewegungen, die Formen und Linien der verschiedenen Objekte transportiert das Wo-System, die unterscheidbaren Wellenlängen des einfallenden Lichts, aus denen der Farbeindruck wird, fließen im Was-System. – Vom Computer wissen wir ja, daß solche abstrakten, Vektor orientierten beziehungsweise auf ihre Kenndaten geschrumpften, Daten weniger Speicherplatz und Verarbeitungskapazität beanspruchen als die Gesamtzahl aller Punkte, die ein Bild ausmachen. Und auch das Gehirn ist nur durch die Trennung und parallele Verarbeitung

Entstehung des wahrgenommenen Bildes

der visuell wahrgenommenen Daten in der Lage, die anfallenden großen Informationsmengen in adäquater Zeit zu bewältigen. Denselben Ansatz finden wir erstaunlicherweise ebenfalls im Bereich des hochauflösenden digitalen Fernsehens (HDTV) und der Computer-Graphik. Dort werden Informationen zu Form und Farbe eines Objekts getrennt von denen zu seiner Position und Bewegungsrichtung behandelt.

Vierter Schritt – Weiterleitung und Filterung

Auf dem Weg zu den höheren Verarbeitungszentren des Gehirns passieren die in den Wo- und den Was-Kanal geteilten Daten nun die **Kreuzung der Sehbahn** (Chiasma opticum) wenige Zentimeter hinter den Augen. Jede Retina ist senkrecht in eine linke und eine rechte Hälfte geteilt (quasi innen und außen). An der Kreuzung wechseln die Sehnervenfasern dieser beiden Hälften die Seite, um zu der ihnen entsprechenden Hirnhälfte zu ziehen. Die rechten Hälften jeder Netzhaut werden also in der rechten Großhirnhemisphäre, die linken Hälften jeder Netzhaut in der linken Großhirnhemisphäre repräsentiert (siehe Abb. 14 auf S. 28). Durch diese Art der Datenaufteilung ist es dem visuellen Apparat möglich, die Bilder beider Augen zu vergleichen und das legt den Grundstein für die Wahrnehmung von räumlicher Tiefe.

Danach folgt mit dem **Corpus geniculatum laterale** (CGL, auch Kniehökker) im Thalamus des Zwischenhirns die erste höhere Verarbeitungsstation. Hier enden rund 90 % der Sehnervenfasern. Die übrigen 10 % laufen am CGL vorbei oder ohne Umschaltung hindurch und enden im Hypothalamus, der Area praetectalis und den Colliculi superiores. Ihre Informationen dienen nicht dem Sehen, sondern den reflektorischen Kopf- und Augenbewegungen, dem Pupillenreflex, dem Tag-Nacht-Rhythmus usw. Die Neuronen des CGL erhalten jedoch nicht nur Input von der Netzhaut, sondern weit mehr von der Großhirnrinde und dem Thalamus. All diese Informationen werden hier miteinander kombiniert und gelangen als Sehstrahlung zur primären Sehrinde. Damit ist der CGL eine mächtige Schaltstation des visuellen Systems, quasi ein Pförtner, der bewertet und aussondert. In ihm manifestiert sich die mit den beiden Ganglienklassen vorgenommene Informationsteilung in zwei anatomisch

Vierter Schritt – Weiterleitung und Filterung

deutlich unterscheidbaren Bereichen.

Zuunterst liegen die beiden **magnozellulären Schichten**, zu denen die Signale der großen Magno-Ganglienzellen laufen. Sie besitzen auffällig große Zellen und sind entwicklungsgeschichtlich am ältesten, weswegen wir sie uns mit allen anderen Säugetierarten teilen. In ihnen setzt sich der Zweig der **Wo-Bahn** fort, weswegen sie für die Wahrnehmung von Bewegung, räumlicher Tiefe und Dreidimensionalität, Position, Figur-Grund-Trennung und allgemeiner Organisation einer visuellen Szene zuständig sind. Sie sind zwar farbenblind, aber hoch kontrastempfindlich und arbeiten sehr schnell.

Zuoberst finden wir die vier **parvozellulären Schichten**, die ihren Input von den kleineren Parvo-Ganglienzellen erhalten. Ihre Zellen sind feiner strukturiert und sie finden sich nur in entwicklungsgeschichtlich relativ jungen Primaten-Arten, zu denen auch wir Menschen zählen. Mit ihnen setzt sich der Zweig der **Was-Bahn** fort und so verantworten sie unsere detaillierte Objekt-Wahrnehmung einschließlich Gesichtern. Sie reagieren hochselektiv auf Farbinformationen, sind weniger kontrastempfindlich und arbeiten langsamer als die Wo-Zellen.

In den rund 1,5 Millionen Zellen des CGL manifestiert sich eine erste grobe und noch unbewusste Wahrneh-

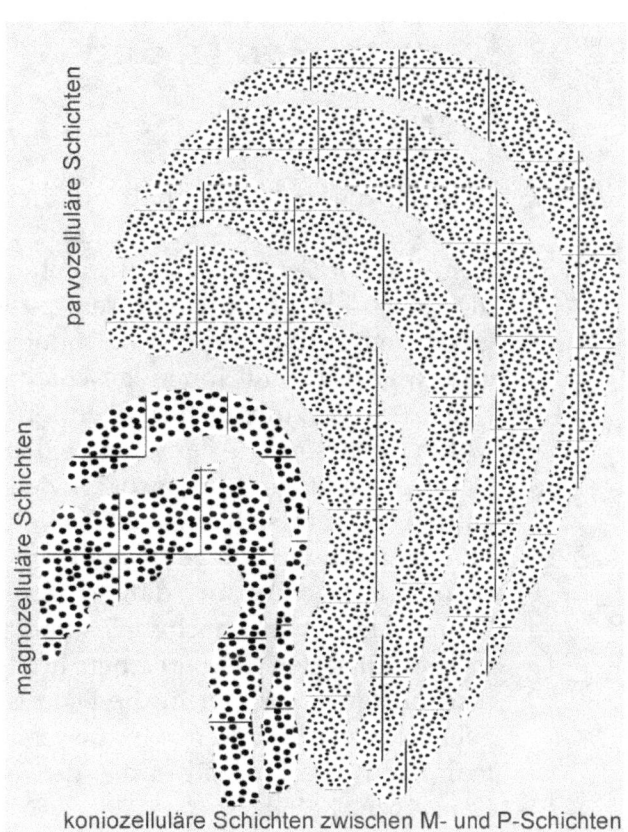

Abb. 11: Schnitt durch das Corpus geniculatum laterale (CGL), den seitlichen Kniehöcker im Thalamus

mung in Form von Linien, Formen und Farben, die zunächst nach ihrer Wichtigkeit sortiert werden. Der CGL ist also ein Filter, der es dem Gehirn erspart die ganze Vielfalt der visuellen Eindrücke verarbeiten zu müssen. Die für wichtig genug befundenen visuellen Daten dürfen die Pförtner CGL passieren und gelangen zur primären Sehrinde.

Entstehung des wahrgenommenen Bildes

Exkurs – Gehirn und Nervenzellen

Nach diesem Aufenthalt auf der untersten Ebene des visuellen Systems ist es Zeit zu schauen, wohin die von den Photorezeptoren ausgesandten Nervenimpulse wandern und was dort mit ihnen geschieht. Klar, daß sie zum Gehirn wandern, wohin auch sonst! Aber was ist das Gehirn eigentlich? Ein großer Zellhaufen, in dem sich unsere Umwelt bloß irgendwie spiegelt, oder ein strukturiertes Organ, daß unsere Wahrnehmung und noch vieles mehr in spezialisierten Teilbereichen organisiert? Bevor wir hier in die Details gehen können, müssen wir uns erstmal einen Überblick über das große Ganze verschaffen.

„Every organism lives out its day in relation to, and as part of, a larger environmental context. All but the most primitive organisms receive information from this context through sense organs and process it, together with information from other sources, in a nervous system."
William Ittelson

In seiner Substanz besteht das Gehirn aus der unvorstellbar großen Zahl von rund 200 Milliarden Nervenzellen, den **Neuronen**. Sie produzieren die Eingangs- und Ausgangssignale des Hirns, jene schwachen elektrischen Impulse, die unsere Wahrnehmung und unser Denken erst ermöglichen.

Die Neuronen bestehen aus dem **Zellkörper** (Soma) und den **Nervenzellfortsätzen** (Dendriten), die Informationen von anderen Nervenzellen erhalten sowie dem **Achsenzylinder** (Axon), der dazu dient Informationen an andere Zellen weiterzugeben. Der Körper der Nervenzelle hat eine Größe von etwa 5-100 Mikrometer (1µm = 1 millionstel Meter), während sich die Nervenzellfortsätze auf einem Durchmesser von ca. 1 µm verjüngen. Ein Nervenzellfortsatz kann bis zu einem Meter lang sein und eine einzige Nervenzelle kann bis zu 10 000 Fortsätze haben.

Ihrer Funktion nach lassen sich Nervenzellfortsätze, Zellkörper und Achsenzylinder grob nach Eingabe, Verarbeitung und Ausgabe unterteilen. Die Dendriten summieren beispielsweise die durch Lichtreizung einer retinalen Sinneszelle hervorgerufenen Ausgabesignale der umgebenden Neuronen in Form eines elektrischen Potentials. Wird im Soma ein bestimmter Schwellenwert überschritten, entsteht ein kurzer elektrischer Impuls, der über das Axon an die Nachbarzellen weitergegeben wird. Wir sagen, die Zelle „feuert". Dieser Impuls wird über Kontaktstellen, die sogenannten **Synapsen**, übertragen. Synapsen sitzen auf den Verästelungen der Dendriten. Je nach Art und Zustand der Synapse bewirkt ein eintreffender Impuls eine unterschiedlich kräftige Potentialerhöhung oder -erniedrigung im Zielneuron und einen Rückkoppelungsprozess, der die Aktivität aller beteiligten Nervenzellen dementsprechend weiter erhöht oder erniedrigt.

Im Verlauf der Evolution hat sich das Gehirn aus einem nur die Lebenserhaltungssysteme kontrollierenden Zentrum zur bewußtseinspendenden Steuerzentrale unseres Körpers entwickelt. Äußerlich unterscheidbar sind das mit rund 80 % der Hirnmasse besonders auffällige **Großhirn**, das den unteren Bereich des hinteren Teils einnehmende **Kleinhirn** und der davor liegenden, ins Rückenmark übergehende, **Hirnstamm**.

Das **Großhirn** bildet den am höchsten entwickelten Bereich. Ihm sind Funktionszentren wie Bewegungen, Sinnesempfindungen, Hören, Sehen, Geruch, Sprache und Gedächtnis zugeordnet. Anatomisch gliedert es

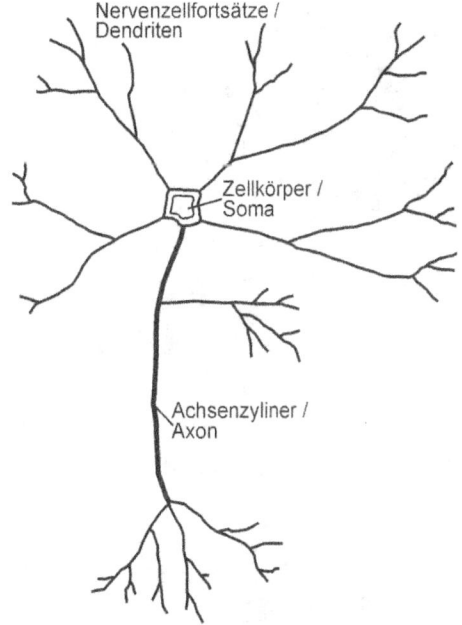

Abb. 12: Schematische Darstellung einer Nervenzelle

sich in die linke und rechte Großhirnhälfte, die sogenannten Hemisphären. Auch das **Kleinhirn** ist in mehrere Teile gegliedert und dient vor allem der Koordination der Muskelbewegungen. Der **Hirnstamm** kontrolliert die grundlegenden Funktionen der Blutzirkulation, des Herzschlags und der Lungenaktivität sowie Reflexe wie Gähnen, Husten, Niesen und Erbrechen. Tief im Hirninnern liegen die beiden folgenden Bereiche: Das aus Thalamus (Sensorik und Motorik), Hypothalamus (Hormonsystem) und Epithalamus (biologische Uhr)

Entstehung des wahrgenommenen Bildes

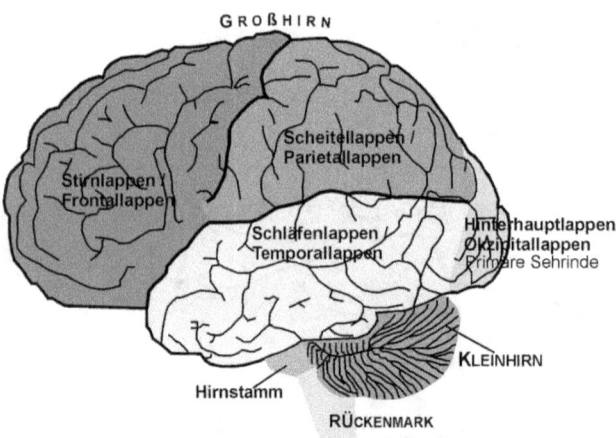

Abb. 13: Vertikaler Schnitt durch das menschliche Hirn

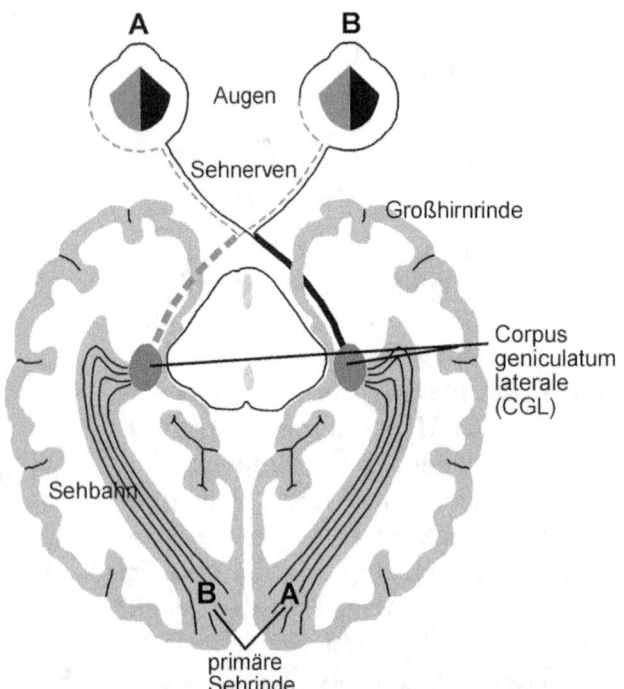

Abb. 14: Horizontaler Schnitt durch das menschliche Hirn mit den wichtigsten Stationen der Sehbahn

bestehende **Zwischenhirn** sowie das unter anderem die Augenbewegungen kontrollierende **Mittelhirn**.

Für den Prozeß der visuellen Wahrnehmung ist das Großhirn am wichtigsten. In seinen beiden Hälften werden von vorn nach hinten die folgenden, analog in der rechten und linken Hirnhemisphäre vorkommenden, Abschnitte unterschieden. Der den weiten Vorderbereich einnehmende **Stirnlappen** (auch Frontallappen), der für die Aufmerksamkeit und das Einsetzen der Muskeltätigkeit zuständig ist. Der seitlich liegende **Schläfenlappen** (auch Temporallappen), der mit der Verarbeitung von Sprache und begrifflichem Denken betraut ist. Der darauf folgende **Scheitellappen** (auch Parietallappen), in dem die sinnliche Wahrnehmung, die räumlich-visuellen Prozesse und die Körperorientierung angesiedelt sind und der am hinteren Hirnende befindliche **Hinterhauptlappen** (auch Okzipitallappen) die Heimat der **primären Sehrinde**.

So können wir festhalten, daß das Gehirn ein großer Haufen komplex miteinander verbundener Nervenzellen ist, in denen unsere Umwelt als verständliche Realität entsteht.

Fünfter Schritt – Sortierung der Richtungen

Nach dem kurzen Exkurs schließen wir hier wieder an unsere Verfolgung der Datenverarbeitung des visuellen Systems an. Der **Corpus geniculatum laterale** projiziert seine neurologischen Erregungsmuster weiter zu den rund 200 Millionen Zellen der **primären Sehrinde** (Areal V1), einer rund 3 mm dicken und nur scheckkartengroßen Schicht am hinteren Ende der beiden Hirnhälften. Sie ist entwicklungsgeschichtlich jünger als der CGL und es scheint nur folgerichtig, daß ihre ausgefeilte Datenanalyse eine Fortentwicklung des primitiven, aber noch immer nützlichen, unbewußten Sehens des CGL darstellt.

Wie uns die neurobiologischen Forschungen am visuellen Kortex der Katze gezeigt haben, gliedert sich die **Sehrinde** leicht vereinfacht in parallele Schichten und senkrecht durch diese verlaufende Blöcke, immer abwechselnd einen für das linke und das rechte Auge. In dieser an ein Kreuzworträtsel erinnernden Struktur verarbeitet jedes Kästchen die Signale eines einzelnen eigenen Bereichs der Netzhaut, die so in einer Art Karte repräsentiert wird. Allerdings sind nicht alle Bereiche gleichmäßig vertreten, denn obwohl die ungefähr mittig auf der Netzhaut gelegene Zone des schärfsten Sehens (Fovea zentralis) nur 0,01% der Retinafläche einnimmt, entfallen auf sie 8% der Neuronen in der primären Sehrinde. Die große Sehschärfe dieses Bereichs hat ihren Grund folglich nicht nur in der hohen Konzentration der Stäbchen- und Zapfenzellen und der Art ihrer Verschaltung in der Retina, sondern auch in der überproportional großen Fläche des visuellen Kortex, die der weiteren Verarbeitung dient.

Die wirkliche Besonderheit vieler Zellen in der komplizierten Struktur der primären Sehrinde erkannten David Hubel und Thorsten Wiesel, beide Schüler des Pioniers Stephen Kuffler, sechs Jahre nach dessen bahnbrechender Entdeckung der Center/Surround Organisation, im Jahr 1958. Nachdem sie stundenlang versucht hatten eine einzelne Zelle im visuellen Kortex einer Katze mit verschieden großen Kreismustern zu erregen und dabei nur sporadische Reaktionen aufzeichneten, stellen sie mehr oder weniger zufällig fest, daß diese Antworten nicht den kleinen runden Reizen geschuldet waren, sondern immer dann auftraten, wenn sie das Testdia in den Projektionsapparat beförderten oder

Entstehung des wahrgenommenen Bildes

es herauszogen. Hubel schreibt dazu *"We tried everything shortof standing on our heads to get it to fire"* (Hubel 1995, S. 69).

Ganz präzise reagierte die Zelle dann, wenn der Schatten des Glases exakt horizontal auf die Retina fiel. Alle anderen Orientierungen entlockten ihr dagegen nur Schweigen. Das war ein Dammbruch in dessen Folge Hubel und Wiesel zahlreiche andere Zellen mit Linienmustern testeten, die in allen denkbaren Richtungen orientiert waren. Die Erkenntnis: Innerhalb der vertikalen Blöcke der primären Sehrinde finden wir in jeder Schicht sogenannte **Einfache Zellen**, die nur auf eine ganz bestimmte räumliche Orientierung (horizontal, vertikal, diagonal und die Abstufungen dazwischen) oder Bewegungsrichtung (von links nach rechts, von oben nach unten, etc.) der auftretenden visuellen Reize mit einem elektrischen Impuls reagieren. Eine normale Entwicklung vorausgesetzt sind den Forschungsergebnissen zufolge alle möglichen Orientierungen und Bewegungsrichtungen gleichmäßig in der Anzahl der Nervenzellen präsent (Hubel & Wiesel 1959). Hubel und Wiesels Entdeckung legt nahe, daß der nächste Schritt der visuellen Informationsverarbeitung nach der Center/Surround Organisation, die dazu dient, alle grundlegenden Übergänge und Kanten einer visuellen Szene aufzuspüren, jener ist, diese Kanten und Grenzflächen nach **Richtungen** zu sortieren. Dazu integrieren die Zellen der Sehrinde die Daten einzelner Ganglienzellgruppen des CGL. Für welche Richtung eine einfache Zelle empfindlich ist, hängt von der Ausrichtung der rezeptiven Felder der Center/Surround Zellen ab, die sie speisen.

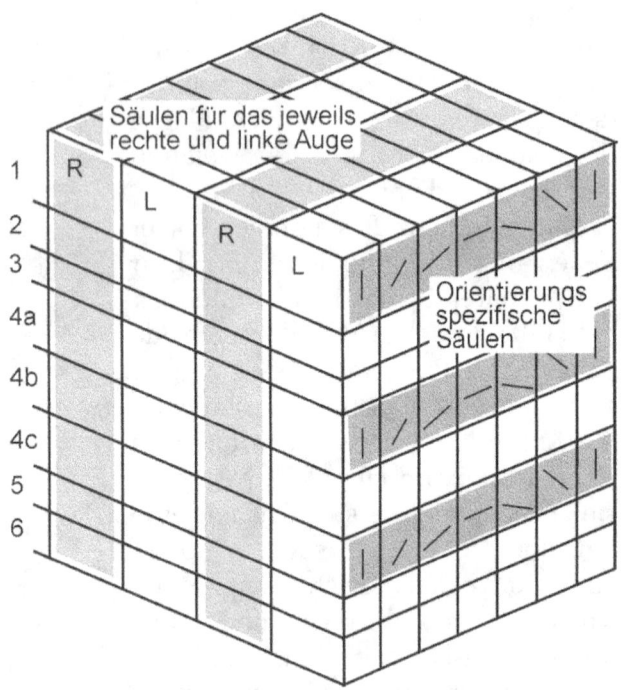

Abb. 15: Schematischer Aufbau der Sehrinde.
Schichten 1-3 leiten Daten weiter zu Hirnarealen in der „Wo-Bahn" bzw. der „Was-Bahn"
Schichten 4a-4c empfangen Daten vom CGL
Schichten 5-6 leiten Daten zurück zum CGL/Thalamus

Fünfter Schritt – Sortierung der Richtungen

Weitere Forschungen an funktionell höheren Schichten der Sehrinde förderten Zellen zutage, die auf ausgedehntere-, verdeckte oder unterbrochene Konturen, Ecken oder Krümmungen ansprechen. Dies leisten die sogenannten **Komplexen Zellen** bzw. **Hyperkomplexen Zellen**, indem sie die vorverdauten Daten von in Gruppen zusammengefaßten Einfachen Zellen aufnehmen und weiterverarbeiten. Von Verarbeitungsstufe zu Verarbeitungsstufe werden die Zellen also immer spezialisierter, sprechen aber gleichzeitig auf immer größere Bereiche des visuellen Feldes an. So ist das visuelle System in der Lage aus den wahllosen einzelnen Kanten auf der Ebene der Center/Surround Zellen die komplexen Objekte zu konstruieren, aus denen unsere Umwelt besteht. Ganz so, als ob wir ein Bild anfertigen, indem wir einfach einzelne Punkte miteinander verbinden.

David Hubel und Thorsten Wiesel hatten erkannt, daß die Ganglienzellen in der Retina und im CGL (Center/Surround) und ihre Verwandten im visuellen Kortex (Einfache Zellen und Komplexe Zellen) eine Hierarchie der Informationsverarbeitung bilden und Sehen eben das ist: ein aktiver Prozess der Informationsverarbeitung und nicht bloß passive Bildwahrnehmung!

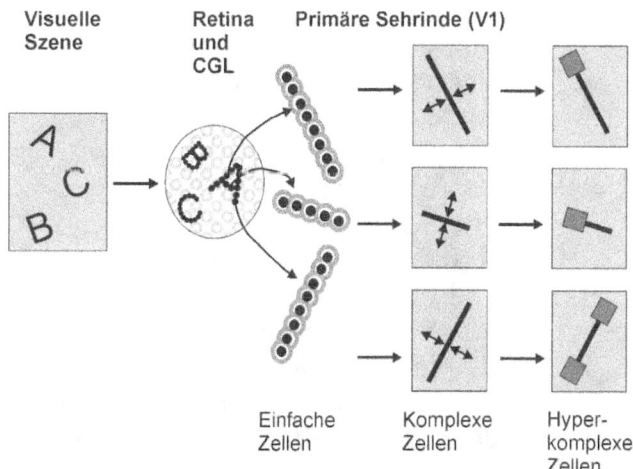

Abb. 16: Visuelle Verarbeitungsstufen
Die Retina und der CGL „sehen" die Position der Objekte, die einfachen Zellen erkennen die Orientierung der einzelnen Segmente, die komplexen Zellen erfassen die Bewegungsrichtung und die hyperkomplexen Zellen die Kanten und Winkel.

Damit erschöpft sich das Werk dieser beiden Wissenschaftler aber noch nicht. In den 1970er Jahren forschen sie über die Entwicklung bzw. Nichtentwicklung der Zellen und Strukturen des visuellen Systems. Dabei fanden sie heraus, daß bei Katzenjungen das beispielsweise zwei- oder dreimonatige Verdunkeln eines Auges nach den ersten Lebenstagen zu permanenter Blindheit durch eine irreversible Minderentwicklung von Nervenzellen im visuellen Apparat führt. Adulte Tiere erlangen dagegen nach derselben Prozedur ihre normale Sehfähig-

Entstehung des wahrgenommenen Bildes

keit schnell wieder. Weitergehende Tierversuche, in denen Jungtiere unter strenger Kontrolle ihrer visuellen Umgebung aufwuchsen (ihnen wurden beispielsweise nur vertikale schwarze und weiße Streifen beziehungsweise vertikale Konturen auf einem Auge und horizontale auf dem anderen angeboten), ergaben den Verlust von den für andere Orientierungen sensiblen Nervenzellen in der primären Sehrinde. Alle Leistungen des Gehirns müssen erst trainiert werden, was nichts anderes heißt, als daß sich die neuronalen Verschaltungen den angebotenen Reizen anpassen müssen. Allein das Nicht-Wahrnehmen von visuellen Mustern und Bewegungen während einer bestimmten Zeit der Entwicklung, in der das Gehirn eine besondere Plastizität aufweist, führt demzufolge zu dauerhaften Fehlentwicklungen (Hubel 1978). Das Gehirn wandelt sich zwar ständig und so lange der Organismus lebt, jedoch ist die erste Lebensphase besonders wichtig.

Und auch im erwachsenen Gehirn können Lernprozesse und äußere Einwirkungen die Grundstruktur des visuellen Systems verändern. Um diese Effekte zu provozieren, wurden die Nervenzellen der Sehrinde von Versuchstieren mit schwachen elektrischen Strömen stimuliert. Der Energiefluß aktivierte viele Zellen in einem nur rund 1/10 mm messenden Bereich, wodurch sich die Reizübertragung zwischen ihnen zunächst kurzzeitig, durch mehrmalige Aktivierung über wenige Stunden hinweg aber dauerhaft veränderte. Nachvollziehbares, weil über das Maß der Durchblutung äußerlich sichtbares Ergebnis dieser Veränderung war eine Verschiebung der orientierungsempfindlichen Zellen in den Schichten des visuellen Kortex in einem Areal von mehreren Millimetern Durchmesser. Auch echte visuelle Reize lösen verstärkte elektrische Aktivität im Gehirn aus und dürften, wenn auch nicht so schnell wie die eigentlich bedeutungslosen künstlichen Stimulationen, für ähnliche Veränderungen sorgen. Die Formen und Muster, die wir sehen, beeinflussen die Gestalt der primären Sehrinde und damit direkt unser konstruiertes Bild der Welt – wahrnehmen bedeutet also formen!

Für ihre beschriebenen wegweisenden Entdeckungen erhielten David Hubel und Thorsten Wiesel 1981 den Nobelpreis für Physiologie/Medizin.

Da sich der visuelle Apparat des Menschen mit denen der Versuchstiere vergleichen läßt, ist der Beweis erbracht, daß unsere Umgebung einen direkten Einfluß auf die neuronale Ebene unserer Wahrnehmung hat und sie damit an ihrer Wurzel beeinflusst:

Oft gesehene visuelle Muster schlagen sich in einer überproportional großen Anzahl speziell sensibilisierter Nervenzellen nieder und manifestieren sich mit hoher Wahrscheinlichkeit auch in festen Synapsenverschaltungen, die uns genau diese Muster unbewußt bei der Auswahl bevorzugen lassen. Das wiederholte Betrachten bestimmter Bilder oder Muster beeinflusst damit direkt unseren Stil. Genau deshalb dürfen wir uns mit Galen Rowell fragen „.... *how much of the seeing ability of our greatest photographers was hard-wired into their heads before they ever picked up a camera*" (Rowell 1993, S. 20-21).

Sechster Schritt – Erzeugung der Eindrücke

Von der primären Sehrinde aus werden die visuellen Botschaften auf die annähernd 30 unterschiedlichen Sehzentren der Großhirnrinde verteilt. Und auch hier können wir den beiden getrennten Kanälen der Wo- und Was-Bahn folgen. Die **Was-Bahn** verläuft vom Hinterhauptslappen schräg nach unten in den Schläfenlappen. Die hier durchquerten Areale werten vor allem Daten zur Farbe und Form aus und geben uns Aufschluß darüber „„ Was" ein Objekt ist. Die **Wo-Bahn** legt einen kürzeren Weg zurück und endet im Scheitellappen oberhalb des Hinterhauptslappen. Die hier beteiligten Areale werten die räumlichen Aspekte aus und vermitteln uns Erkenntnisse über Entfernungen und Bewegungen.

Ein erfolgversprechender Ansatz, um zu Erklären wie aus den einzelnen elektrischen Potentialen der immer spezialisierteren Nervenzellen eine zusammenhängende Wahrnehmung wird, scheint die Idee der **Neuronengruppen** zu sein. Sie geht davon aus,

„Whilst part of what we perceive comes through our senses from the objects before us, another part (and it may be the larger part) always comes out of our own mind."
William James

daß alle Zentren sowohl untereinander als auch mit der primären Sehrinde rückgekoppelt sind und somit keine übergeordnete Instanz brauchen, um die Wahrnehmung zu koordinieren. Die Gruppen schließen sich demzufolge zu einem präzise synchronisierten Signalkonzert zusammen, in dem jedes komplexe Muster durch eine

Entstehung des wahrgenommenen Bildes

Anzahl gleichzeitig erregter und miteinanderverschalteter Nervenzellen charakterisiert wird. Damit stehen die Informationen aller Zentren gleichzeitig in einem Moment zur Verfügung und aus dieser synchronen Aktivität der für Rot sensibilisierten Zellen und der Spezialisten für Formen entsteht der Eindruck eines roten Autos.

Aufgrund der unterschiedlich starken Beteiligung der Neuronen entstehen sogenannte **Karten** mit unscharfen Rändern, die auch bei ähnlichen Eindrücken aktiv werden. Die Gesichter uns bekannter Menschen werden also nicht zentral in bitmapähnlichen Einzeldateien gespeichert, sondern bei jedem sind viele gleiche Nervenzellen unterschiedlich stark aktiv. Die einzelnen Karten können ebenfalls über die bloßen Informationen der Sinnesorgane hinaus miteinander interagieren. Eine Karte, die dem visuellen Eindruck des Autos entsprach, interagiert mit der Karte der akustischen Lautfolge „Auto", und die „Auto-Neuronen" sind wieder teilweise aktiv bei den Begriffen „Motor", „Getriebe" und so fort. Folglich baut das Gehirn die visuellen Wahrnehmungen mit großer Wahrscheinlichkeit aus der Kombination ganz bestimmter Objektmerkmale auf.

Die umfassende Sinnesfülle der Wahrnehmung wird aber erst in der darüber hinausgehenden Verknüpfung mit den Daten der anderen Gehirnteile erreicht. Olfaktorische Areale machen das Bewußtsein beispielsweise auf starke Gerüche aufmerksam. Auditive Felder tragen Klänge bei. Der Hippocampus, der große Bedeutung für die Speicherung von Gedächtnisspuren besitzt, stellt die Bilder in den Rahmen früherer Erfahrungen. Das limbische System und die Amygdala, welche uns die Emotionen bescheren, sorgen für positive oder negative Gefühle. Nun ist die visuelle Wahrnehmung nicht mehr bloß schematisch, sondern hat sich zu einer integrierten, vollständigen und wirklichen Erfahrung entwickelt. Wie dieses „Bild" dann aber in unser Bewußtsein gelangt und wie dies überhaupt entsteht, kann uns die Wissenschaft allerdings heute noch nicht abschließend erklären.

2 Die Entstehung des photographischen Bildes

Inhalt

Silberbildträger
    Der Negativfilm
    Der Umkehrfilm
Elektronische Bildträger
    Chips & Chips – CCD und CMOS
    Analog & Digital
    Digitale Schwächen

Entstehung des photographischen Bildes

Silberbildträger

Das Licht transportiert die visuellen Informationen über die Objekte und „mit Licht zeichnen" ist die Bedeutung des griechischen Wortes *Photographie*. Um ein unserer Wahrnehmung entsprechendes Bild zu zeichnen, muss der photographische Prozess die im Licht enthaltenen Informationspotentiale so sichtbar machen und speichern, wie es unser visuelles System tut. Er muss sich also auf denselben Bereich des Spektrums beschränken, für den auch wir empfindlich sind, und in ihm zunächst einmal Schwarz und Weiß und alle Stufen dazwischen zuverlässig voneinander trennen.

Zu diesem Zweck stützen wir uns in der analogen Photographie bis heute auf die Fähigkeiten bestimmter Verbindungen zwischen Silber und Halogen, Fluor, Chlor, Brom oder Jod (Silberhalogenid, Silberfluorid, Silberchlorid, Silberbromid und Silberiodid), die gemeinschaftlich als **Silberhalogenide** bezeichnet werden. Silber ist zwar ein kostbarer Rohstoff, konnte aber aufgrund seiner Lichtempfindlichkeit als direkter Träger der Bildinformation in der analogen Photographie bislang nicht ersetzt werden.

Auf chemischer Ebene machen wir uns die Eigenschaft der Silberhalogenide zunutze, unter dem Einfluss von Lichtenergie in ihre Bestandteile (z.B. Silber und Brom) zu zerfallen. In diesem Prozess wird das metallische Silber schwarz und, voilà, Licht ist in etwas konservierbares, die **Schwärzung**, überführt worden. Da die Silberhalogenide in ihrer ursprünglichen Form nur auf kurzwelliges (blaues- und UV-) Licht reagieren, müssen sie zur Abbildung des für uns sichtbaren Spektrums mit weiteren Stoffen gemischt werden. Farbstoffe, wie das Eosin, das Fuchsin und das Cyanin nehmen die Lichtenergie im langwelligen Bereich des Spektrums auf und geben sie an die Silberhalogenide weiter. Erst mit ihrer Verwendung konnten Filmmaterialien hergestellt werden, die zunächst für alle Regionen des Spektrums außer Rot (**orthochromatisch**) und später für das für uns sichtbare Gesamtspektrum der elektromagnetischen Strahlung (**panchromatisch**) empfindlich waren. Damit war der Grundstein für die unserer Wahrnehmung entsprechende helligkeitsrichtige Abbildung der Tonwerte in der Schwarzweißphotographie und die darauf basierende Farbphotographie gelegt.

Basierend auf dieser Grundlage läuft die **Bildentstehung** beim Negativ- und Umkehrfilm identisch ab. Die Silberhalogenidkristalle bilden, in eine Gelatinehülle gebettet, die den Stäbchen- und Zapfenzellen der Retina ver-

Silberbildträger

gleichbare lichtempfindliche Schicht des Films. Da die Größe der Kristalle über die Empfindlichkeit und Körnigkeit des Filmmaterials bestimmt (größere Kristalle benötigen zwar weniger Licht zur Reaktion, sind aber im fertigen Bild leichter zu erkennen), sind die Hersteller bestrebt sie möglichst klein zu halten. Ihr Durchmesser liegt heute zwischen 0,0002 und 0,002 mm. Ein Silberhalogenidkristall besteht aus jeweils rund 20 Milliarden Silber- und Halogenidionen. Ein Ion ist ein Atom, bei dem sich die positive Ladung des Kerns und die negative Ladung der Hülle nicht neutralisieren. Durch die fehlenden oder überzähligen Elektronen entsteht eine positive oder negative Überschußladung. Durch die im Moment der **Belichtung** einwirkende elektromagnetische Energie ändern die Kristalle ihre Ladung: ein negativ geladenes Halogenion gibt ein Elektron ab, welches von einem positiv geladenen Silberion aufgenommen wird. Es werden also einige Silberionen von den Halogenidionen getrennt und es entstehen elementare Halogene und metallisches Silber. Da bei der Belichtung pro Kristall nur wenige Silberatome, die sogenannten Entwicklungs- oder Belichtungskeime, gebildet werden (ihre Zahl liegt normalerweise im zweistelligen Bereich), ist das entstandene Bild viel zu schwach, als das wir es sehen könn-

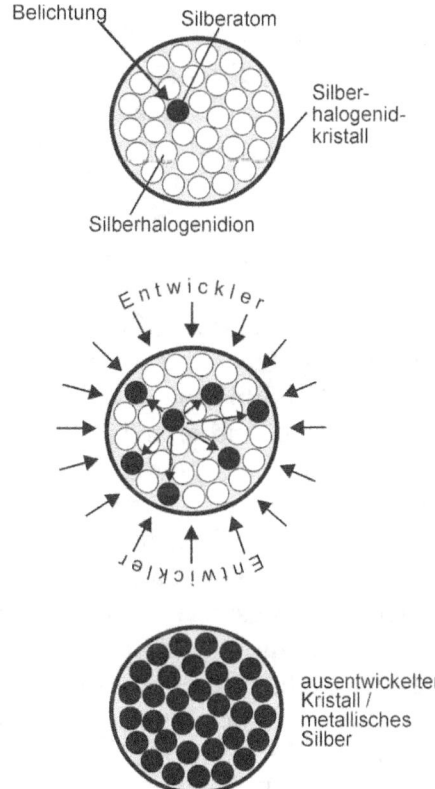

Abb. 17: Belichtungs- und Entwicklungsvorgang eines Silberhalogenidkristalls

ten. Wir nennen es das **latente Bild**. Es ist sehr haltbar und umso deutlicher je stärker die Belichtung war. Hier ist festzuhalten, daß sich nur zwei verschiedene Zustände unterscheiden lassen – belichtet oder unbelichtet – und das macht Silberfilme im Grunde zu digitalen Bildträgern!

Sichtbar machen wir das latente Bild, indem wir die Emulsion mit

Entstehung des photographischen Bildes

einem Stoff in Kontakt bringen, der alle Silberhalogenidkristalle in die Bestandteile Silber und Halogen zerlegt, dies aber bei den belichteten schneller tut als bei den unbelichteten. Gewisse vom Benzolring C_6H_6 abgeleiteten organischen Substanzen werden dieser Forderung in Verbindung mit speziellen Bremsmitteln gerecht. Wir nennen sie **Entwickler**. Sie geben Elektronen ab, die von den Silberionen aufgenommen werden, und oxidieren dabei selbst, während sie die Halogenide Brom, Jod oder Chlor aufnehmen. Wird der Film genau für die vom Hersteller vorgegebene Zeit entwickelt, ist aufgrund der speziellen Wirkungsweise sichergestellt, daß nur der gewünschte Teil der Silberhalogenidkristalle reduziert wird. Interessanter Weise werden die Grenzflächen zwischen stark und schwach belichteten Filmstellen beim Entwickeln besonders geschwärzt, da sich der Entwickler an den stärker belichteten Stellen schneller verbraucht und die angrenzenden, weniger stark belichteten Stellen nicht mehr gleichmäßig entwickeln kann. Dieser als **Kanteneffekt** bezeichnete Vorgang führt, da er die Kontraste verstärkt, zur Erhöhung der Bildschärfe. – Eine spannende Parallele zu unserer visuellen Wahrnehmung, die sich ja ebenfalls stark an Kanten und Grenzflächen orientiert und den Kontrast durch die Rivalität benachbarter Center/Surround Zellen erhöht. Um die Entwicklung sicher zu beenden, wird der Film in ein säurehaltiges **Stoppbad** gegeben, das den Entwickler neutralisiert.

Nach dieser Prozedur liegen natürlich immer noch unbelichtete und unentwickelte Silberhalogenidkristalle in der Emulsion vor. Beließen wir sie dort, würden sie nach ausreichend langem Kontakt mit Licht von allein in metallisch dunkles Silber zerfallen und das Bild ruinieren. Um das zu verhindern, waschen wir die unerwünschten Kristalle mit einem Salzbad aus Natriumthiosulphat aus. Diesen Vorgang nennen wir das **Fixieren**. Danach sind die unbelichteten Filmstellen nahezu durchsichtig.

Wäre die Belichtung lange und kräftig genug würde mit der Zeit alles Silberhalogenid in seine Bestandteile zerlegt, wodurch ohne Entwicklung eine direkte Schwärzung der Schicht entstünde. Das läßt sich verfolgen, wenn wir den Film bei Tageslicht nach und nach aus der Patrone ziehen. Und auch eine direkte Bildentstehung ist ohne Entwicklung möglich, wenn ein panchromatischer Schwarzweißfilm sechs bis acht Stunden bei offener Blende mit einem scharf fokussierten Motiv belichtet wird. Der Film braucht anschließend nur fixiert und gewässert zu werden und wird ein annähernd normales Negativ zeigen.

Silberbildträger
Der Negativfilm

Der Negativfilm

Der SW-Negativfilm folgt exakt dem zuvor beschriebenen Verarbeitungsvorgang. Wie wir im vorangegangenen Abschnitt gesehen haben, spiegelt er das Helligkeitsmuster des Motivs entgegengesetzt wider. Besonders helle Stellen reflektieren besonders viel Licht. Viel Licht dringt tief in die Schicht ein, wird auf angrenzende Silberhalogenidkristalle reflektiert und erzeugt desshalb viele Entwicklungskeime. Dort ist der Film dann relativ undurchsichtig, weil der hohe Anteil an metallischem Silber wenig Licht durchläßt. Diese verdrehte Welt stellt der Positivprozeß wieder richtig, denn die dunkle Filmstelle läßt nur wenig Licht durch und das Photopapier wird beim Kopieren entsprechend wenig

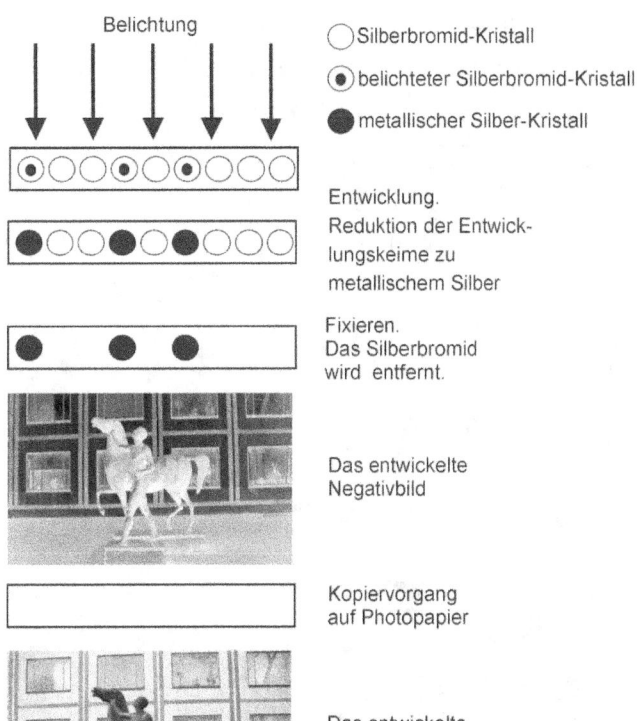

Abb. 19: Ablauf des Belichtungs- und Entwicklungsvorgangs beim SW-Negativfilm

geschwärzt (bleibt also weiß). Im Gegensatz dazu erzeugt das wenige, von dunklen Motivteilen ausgehende, Licht nur wenige Entwicklungskeime und der Film ist an diesen Stellen beinahe durchsichtig. Solch ein Negativbereich läßt beim Kopieren beinahe alles Licht durch und belichtet das Photopapier entsprechend stark.

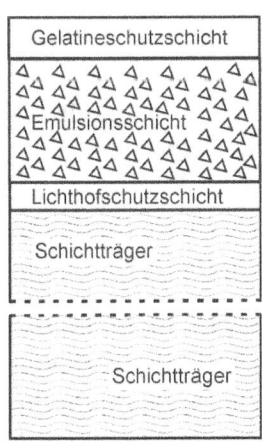

Abb. 18: Schematischer Aufbau eines typischen SW-Negativfilms

Entstehung des photographischen Bildes

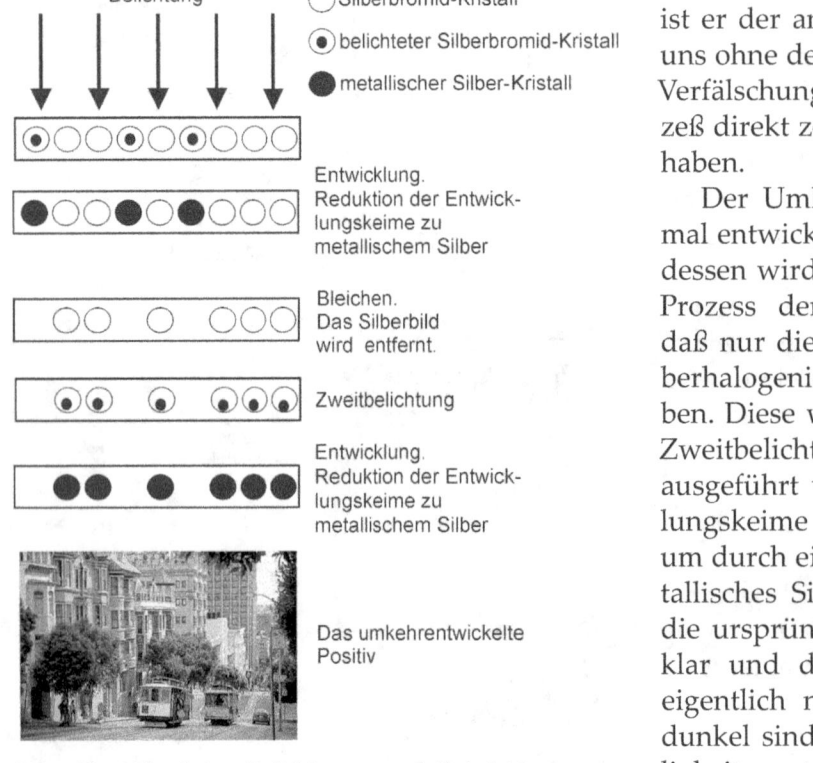

Abb. 20: Ablauf des Belichtungs- und Entwicklungsvorgangs beim SW-Umkehrfilm

Der Umkehrfilm

Im Gegensatz zum Negativfilm, dessen Helligkeits- und Farbwerte nach der Entwicklung entgegengesetzt zum aufgenommenen Motiv sind und erst durch den Positivprozeß wieder richtig gestellt werden, liefert der Umkehrfilm durch seine spezielle Entwicklung sofort ein helligkeits- und farbrichtiges positives Bild. Damit ist er der analoge Bildträger, welcher uns ohne den mit der Möglichkeit der Verfälschungen behafteten Kopierprozeß direkt zeigt, was wir wie belichtet haben.

Der Umkehrfilm wird zuerst normal entwickelt, aber nicht fixiert. Statt dessen wird das Silberbild durch den Prozeß der Bleichung entfernt, so daß nur die bislang unbelichteten Silberhalogenide in der Schicht verbleiben. Diese werden dann mittels einer Zweitbelichtung, die auch chemisch ausgeführt werden kann, in Entwicklungskeime verwandelt und wiederum durch ein Entwicklungsbad in metallisches Silber überführt. Nun sind die ursprünglich belichteten Bereiche klar und durchsichtig während die eigentlich nicht belichteten Bereiche dunkel sind und das Muster der Helligkeitswerte positiv und richtig wiedergeben.

Der Trick beim Umkehrfilm liegt also nicht irgendwo in der Emulsion verborgen, sondern wird durch die besondere Entwicklung befördert. Mit ihr kann praktisch jeder Schwarzweißnegativfilm zum Umkehrfilm werden. Um das zu ermöglichen, wird er zuerst normal entwickelt und das entstandene Silberbild durch Bleichen entfernt. Im nächsten Schritt werden die noch unentwickelten Silberhalogenidkristalle zweitbelichtet und entwickelt. Das so entstandene Silberbild ist ein Positiv. Normale Farbnegativfilme eignen sich dagegen nicht, da der Umkehrfilm Farbstoffe mit speziellen spektralen Eigenschaften benötigt, die dort nicht enthalten sind.

Elektronische Bildträger

Die digitale Aufnahmetechnik lebt von der technischen Möglichkeit, Licht unter Ausnutzung des **Sperrschicht-Photoeffekts** einer Photodiode in Strom zu verwandeln. Komplizierter Begriff, was? Ist aber halb so schlimm! Grundlage der Technik sind **Halbleiter-Bauelemente**, die als eigentlich bildgebende Quelle dienen. Die Charakteristik von Halbleitern (Silizium, Germanium, Selenium) fällt zwischen die der leitenden Metalle (Silber, Kupfer, Aluminium, Gold) und die nicht leitenden Isolatoren (Keramik, Glas, Nichtmetalle). Im Gegensatz zu den Metallen leiten sie den Strom besser, je wärmer es ist. Hauptbestandteil der meisten Halbleiter ist das Silizium, welches vier Elektronen in seiner äußeren Hülle besitzt, die sogenannten Valenzelektronen. Da Silizium das Bestreben zu acht Valenzelektronen hat, ordnet es sich in Form eines regelmäßigen Kristallgitters an, in dem sich die vier Valenzelektronen eines Atoms mit den entsprechenden Elektronen eines Nachbaratoms verbinden.

Aber in dieser Form ist das Silizium Kristallgitter noch nicht elektrisch leitfähig. Um dies zu erreichen, wird das Gitter gezielt mit Fremdatomen verunreinigt, man sagt es wird **dotiert**. Da Leitfähigkeit einen Potentialunterschied voraussetzt, müssen dazu Stoffe abweichender Wertigkeit (mit unterschiedlicher Anzahl Valenzelektronen) verwendet werden. In der Praxis sind dies das Phosphor (Wertigkeitsstufe fünf, **n-Dotierung**) und das Bor (Wertigkeitsstufe drei, **p-Dotierung**).

Wird der Silizium Kristall **n-dotiert**, fügt sich das Phosphor-Atom mit seinen fünf Valenzelektronen zwar problemlos in das Gitter ein, bindet sich jedoch nur mit den vier benachbarten Silizium-Elektronen, so daß eins

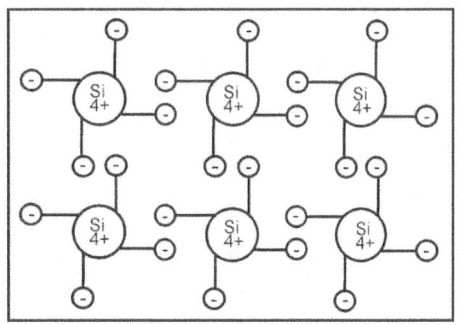

Abb. 21: Gitterstruktur des Siliziums

Entstehung des photographischen Bildes

seiner Valenzelektronen als frei übrig bleibt. Bei der **p-Dotierung**, Sie ahnen es bestimmt schon, entsteht die umgekehrte Situation. Ein Bor-Atom besitzt drei Valenzelektronen, braucht aber deren vier, um mit den benachbarten Silizium-Atomen eine beständige Elektronenpaarbindung einzugehen. Hier bleibt also an einer Stelle ein Loch übrig in dem ein Elektron fehlt. In der Praxis sind die Verunreinigungen zahlenmäßig gering, denn auf eine Million Silizium-Atome kommen je ein Phosphor- oder Bor-Atom. So viel als Grundlage. Zur praktischen Anwendung dotieren wir die eine Hälfte eines Silizium-Kristalls mit Phosphor und die andere mit Bor und stellen auf diese Art einen p/n-Übergang her. Der n-dotierte Teil ist aufgrund überzähliger Elektronen negativ geladen, der p-dotierte Teil weist zu wenige Elektronen (Löcher) auf und ist positiv geladen. Da die Atome stets das Bestreben haben ihre Außenschalen regelmäßig mit vier Valenzelektronen zu füllen, wandern die überschüssigen Elektronen der n-Schicht in die Löcher der p-Schicht und sorgen damit für einen geringen Stromfluss. Da sie sich auf kürzestem Weg aus der Mitte heraus bewegen, entsteht dort schon nach kurzer Zeit ein Ladungsgleichgewicht, das wir als Sperrschicht bezeichnen. Hat diese eine bestimmte Breite erreicht, schaffen die Elektronen den Sprung auf die andere Seite nicht mehr und der Stromfluss bricht zusammen. Die n-Schicht ist nun aufgrund der abgegebenen Elektronen positiv, die p-Schicht aufgrund der aufgefüllten Löcher negativ geladen.

Legen wir an das so strukturierte Kristallgitter von außen eine Spannung an, ergibt sich, abhängig von ihrer Polarität, folgendes Verhalten: Legen wir den Pluspol der Stromquelle an die positiv geladene n-Schicht und den Minuspol an die negativ gelade-

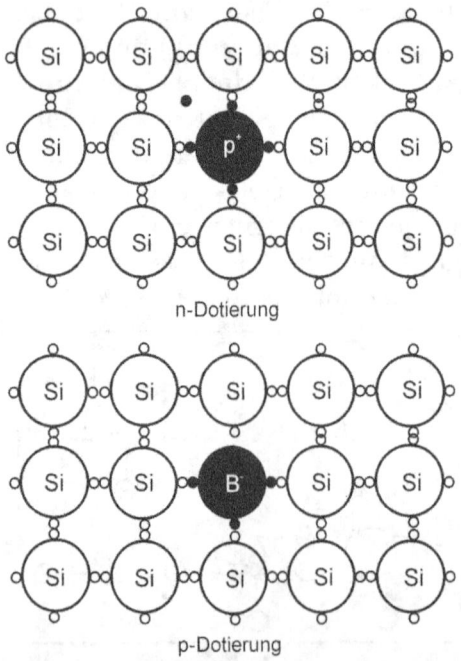

Abb. 22: Silizium n-/p-Dotiert

ne p-Schicht, bewegen sich die überzähligen Elektronen von n durch die Stromquelle nach p. Dadurch verbreitert sich die Sperrschicht und es fließt kein Strom mehr durch den Silizium-Kristall. Kehren wir die Polarität aber um, erhält die positiv geladene n-Schicht reichlich Elektronen von der Stromquelle, so daß auf dieser Seite noch mehr überzählige Elektronen vorhanden sind. Gleichzeitig werden der p-Schicht Elektronen entzogen, was dazu führt das sich die Anzahl der Löcher auf dieser Seite noch vergrößert. Am Ende löst sich die Sperrschicht auf und es fließt ein Strom im Kristallgitter. Der von uns hergestellte p-/n-Übergang läßt den Strom also in einer Richtung fließen, während er ihn in der anderen blockiert. Dies Verhalten bezeichnen wir als **Gleichrichten** und den p-/n-Übergang als **Diode**.

Zur digitalen Bildgewinnung fertigen wir **Photodioden** an, deren dem Licht zugewandte n-Schicht so dünn ist, daß das Licht direkt auf die darunter liegende Sperrschicht fällt und durch die ihm innewohnende Energie einzelne Elektronen aus dieser herausschlagen kann. Je mehr Licht auf die Grenzschicht fällt, umso mehr Elektronen werden aus ihr gelöst und wandern in die positiv geladene n-Schicht. Das durchschnittliche Ver-

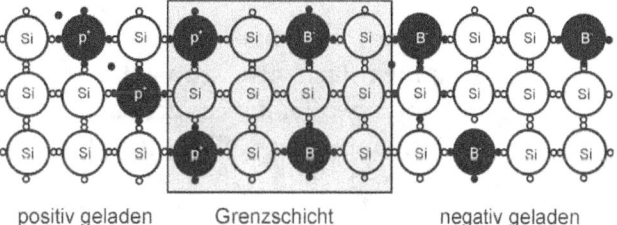

Abb. 23: Sperrschicht

hältnis liegt bei einem Elektron zu je zwei Photonen. Verbinden wir n- und p-Schicht über einen Stromkreis, fließen die Elektronen über diesen von der n- zur p-Schicht und aus Licht ist elektrischer Strom geworden. Mit einem angehängten Messwerk können wir auf diese Art leicht den Stromfluss messen und dies machen wir uns mit dem Belichtungsmesser auch zunutze. Zur Erzeugung eines Bildes müssen wir den Stromfluss dagegen noch über eine bestimmte Zeit integrieren. Diese Integration wird mittels eines angehängten Kondensators realisiert und der ganze Vorgang läuft wie folgt ab: An der Photodiode wird vor der Belichtung in sperrender Richtung eine Spannung angelegt, damit sich der Kondensator aufladen kann. Im Zuge der Belichtung erfolgt dann gemäß dem Arbeitsprinzip der Photodiode eine Entladung des Kondensators, die proportional zur einfallenden Lichtmenge ist. Der resultierende Stromfluss wird dann im nachgeschalteten Analog/Digital-Wandler di-

Entstehung des photographischen Bildes

gitalisiert. – Auch eine Digitalkamera arbeitet intern also zunächst einmal mit analogen Daten! In großer Anzahl zu regelmäßigen Reihen und Spalten organisiert, stellen diese Photodioden die Sensorzellen der digitalen Bildträger dar, im Englischen als „Photosites" bezeichnet. In der Regel sind sie quadratisch ausgeführt, nur die *Nikon D1x* teilt dieses Quadrat in zwei Rechtecke und verdoppelt so die horizontale Anzahl der lichtempfindlichen Stellen. Die zweite Ausnahme ist das *Fuji Super CCD*, auf dem die *Fuji S1* und die *S2* basieren. Dort kommen fünfeckige Sensorzellen zum Einsatz, die im Winkel zueinander angeordnet sind. Die Seitenlängen der quadratischen Photosites liegen zwischen 2 und 4 µm bei digitalen Sucherkameras und 6 bis 9 µm bei digitalen Spiegelreflexkameras. Das ergibt Flächen zwischen 4-16 µm² und 36-81 µm². Diese Größenverhältnisse werden wichtig, wenn man sich mit der Kontrastfähigkeit der Sensoren auseinandersetzt, wie es Band 3 dieser Reihe zum Thema Kontrast tut. Grundsätzlich unterscheiden wir die digitalen Aufnahmemedien nach **CCD-Sensoren** (Charge Coupled Device) und **CMOS-Elementen** (Complementary Metal Oxide Semiconductor).

Chips & Chips

CCD- und CMOS-Sensoren arbeiten intern zunächst einmal nach demselben oben beschriebenen Schema. Der Unterschied folgt in der Art, auf die die Spannungswerte ausgelesen werden. Dies geschieht beim **CCD-Sensor**, indem die Ladungen nach dem Prinzip der Eimerkette von Sensorzelle zu Sensorzelle bis zum Ende jeder Zeile durchgereicht werden. Dort werden sie in vorgegebenen Takten herausgeschoben und vom Ausleseregister übernommen. Auf diese Weise wird der CCD-Chip Zeile für Zeile ausgelesen und es entsteht ein analoges serielles Signal. Beim **CMOS-Chip** wird die Ladung jeder Sensorzelle in einen Spannungswert verwandelt und auf einen vertikalen Spaltenbus übertragen, der jede Zelle einzeln adressieren kann. Auf diese Weise werden alle Daten parallel mit der Ortsinformation übertragen, was den Vorgang erheblich beschleunigt. Zusätzlich werden Bildfehler, wie das „Blooming", verhindert, weil die elektrischen Ladungen nicht mehr über angrenzende Sensorelemente hinweg transportiert werden müssen und zur Belichtung braucht nicht mehr der gesamte Chip ausgelesen werden, sondern nur das jeweils relevante Element. CMOS-Chips wurden aufgrund des zu Beginn der Entwicklung stärkeren Rauschens und geringeren Dynamikumfangs lange Zeit seltener verwendet als CCD-Chips. Prinzipbedingt bieten sie aber wesentliche Vorteile. Zum einen sind sie preiswerter herzustellen, weil die CMOS-Technologie Standardtechnik der Chip-Produktion ist und zum zweiten bieten CMOS-Chips die Möglichkeit weitere Bauteile für die Signalverarbeitung integrieren zu können. Damit ist die Signalverstärkung und Analog-Digital-Wandlung direkt auf dem Chip möglich, was ein schnelleres Auslesen der Informationen und kompaktere Bauformen ermöglicht. Und auch im Hinblick auf den Energieverbrauch schlägt der CMOS-Chip die CCDs, denn er konsumiert 2/3 weniger als sie. Beiden Sensortypen gemein ist allerdings ihre vom menschlichen Auge abweichende **spektrale Empfindlichkeit**, die mit rund 1000 nm wesentlich weiter ins langwellige rote Spektrum und dafür mit 400 nm auf der kurzwelligen Seite nur bis an die Grenze unseres Sehvermögens reicht. Aber keine Bange, Infrarotfilter verhindern den Durchgang von Wellenlängen oberhalb von 750 nm und rücken die Digitaltechnik damit näher an uns heran als den klassischen Silberfilm.

Analog & Digital

Nun wissen wir, daß ein CCD- oder CMOS-Chip als Ausgabegröße ein analoges elektrisches Signal produziert, welches die Intensitätsstärke des Lichts beschreibt. Aus diesem Grund ist der Chip im Grunde seines Herzens ein analoger Bildträger. Der Unterschied zwischen der digitalen- und der analogen Photographie ist der Konvertierungsvorgang, der stattfindet, nachdem der analoge Sensor das Bild erfasst hat. Alle Vor- und Nachteile der digitalen Photographie resultieren aus dieser Umrechnung. Um zu verstehen, was passiert, werfen wir erstmal einen kurzen Blick darauf, was digitale Daten sind und wie wir uns Bits und Bytes vorstellen müssen. Der einfachste Weg dies zu verstehen ist sie mit etwas zu vergleichen das wir kennen: Ziffern. Eine Ziffer ist eine einzelne Stelle, die Werte zwischen 0 und 9 annehmen kann und Ziffern werden normalerweise miteinander gruppiert, um größere Zahlen auszudrücken. Die Zahl 2354 hat beispielsweise vier Ziffern und es ist klar, daß die 4 die Einerstelle, die 5 die Zehnerstelle, die 3 die Hunderterstelle und die 2 die Tausenderstelle füllt. Wenn man ganz korrekt sein wollte, könnte man den Zusammenhang auch wie folgt ausdrücken:

Entstehung des photographischen Bildes

(2*1000) + (3*100) + (5*10) + (4*1)
= 2000 + 300 + 50 + 4

Einen identischen anderen Ausdruck bekommen wir, wenn wir mit der Zehnerpotenz arbeiten:

$(2*10^3) + (3*10^2) + (5*10^1) + (4*10^0)$
= 2000 + 300 + 50 + 4

Daraus läßt sich ersehen, daß jede Ziffer ein Platzhalter für die nächst höhere Zehnerpotenz ist, angefangen bei der ersten Ziffer mit 10^0. So weit so gut, mit Dezimalzahlen arbeiten wir schließlich jeden Tag. Das schöne an Nummern-Systemen ist, daß einen niemand zwingt zehn verschiedene Werte in einer Ziffer zu haben. Unser Zehner-System entwickelte sich wahrscheinlich, weil wir zehn Finger haben. Hätte uns die Evolution aber mit nur acht solchen Tastgeräten ausgestattet, hätten wir wohl auch ein Achter Nummern-System hervorgebracht. Grundsätzlich kann man mit einem was-auch-immer Nummern-System arbeiten, ist nur eine Sache der Absprache.

Computer arbeiten durch ihre zugrunde liegenden Technik (sie kennen nur zwei Zustände: Strom fließt oder Strom fließt nicht) mit dem **Zweier Nummern-System**, das wir auch als **Binäres-System** kennen. Sie verwenden also binäre Ziffern und Zahlen an Stelle von dezimalen und das Wort „**Bit**" ist nur die Kurzform des Ausdrucks „**Binary Digit**" oder Binärzahl. Da wo Dezimalzahlen zehn mögliche Werte zwischen 0 und 9 haben, besitzen Bits nur zwei, 0 und 1, aus denen sie eine Zahl wie 1011 aufbauen. Den Wert dieser 1011 bestimmen wir auf dieselbe Weise wie oben für die 2354, aber wir verwenden eine Zweierpotenz anstelle der Zehnerpotenz:

$(1*2^3) + (0*2^2) + (1*2^1) + (1*2^0)$
= 8 + 0 + 2 + 1 = 11

In Binärzahlen hält jedes Bit den Wert einer ansteigenden Zweierpotenz und das macht das binäre Zählen ganz leicht. Von 0 bis 20 sieht das in Dezimal und Binär wie folgt aus:

0 = 0	
1 = 1	11 = 1011
2 = 10	12 = 1100
3 = 11	13 = 1101
4 = 100	14 = 1110
5 = 101	15 = 1111
6 = 110	16 = 10000
7 = 111	17 = 10001
8 = 1000	18 = 10010
9 = 1001	19 = 10011
10 = 1010	20 = 10100

0 und 1 sind in dieser Sequenz für das dezimale und das binäre System identisch. Erst bei der 2 findet die Überführung das erste Mal statt. Wenn 1 Bit 1 ist und 1 dazu addiert wird, so wird das Bit 0 und das folgende 1. Beim Übergang von 15 auf 16 schlägt dieser Effekt von vier auf fünf Stellen über und macht aus der 1111 die 10000.

Bits werden im Computer relativ selten allein gesichtet. Zumeist treten sie in 8er Gruppen auf, die dann **Bytes** genannt werden. Warum ein Byte aus acht Bits besteht? Gute Frage, aber warum machen 12 Eier ein Dutzend? – Das aus 8 Bit bestehende Byte ist einfach eine Konvention, auf die sich alle geeinigt haben. Mit einem Byte aus acht Bits lassen sich 256 Werte zwischen 0 und 255 darstellen:

```
0 = 00000000
1 = 00000001
2 = 00000010
....
254 = 11111110
255 = 11111111
```

Jetzt besitzen wir ausreichend Grundlagenwissen, um zur praktischen Anwendung zurückzukehren. Die Sensorzellen auf dem Chip liefern uns zunächst analoge elektrische Signale. Bei geringer Helligkeit fließt ein geringer Strom. Bei großer Helligkeit fließt ein großer Strom. Dazwischen kommen quasi unendlich viele Abstufungen vor. Abb. 24 illustriert dies für einen einfachen Graustufenübergang und geht wie im richtigen Leben davon aus, daß sich die Stromstärke linear zur Helligkeit verhält.

Das für die Umwandlung dieses analogen Signals in digitale Daten Daten verantwortliche Bauteil in der Kamera ist der **Analog/Digital-Wandler** (A/D-Wandler). Er arbeitet wie folgt: Stellen wir uns jede Photozelle als Eimer und die Photonen des einfallenden

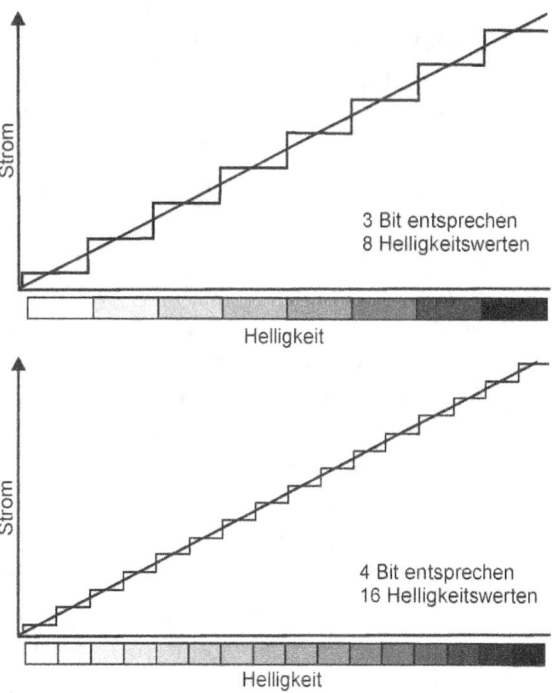

Abb. 24: Bitbreite, Helligkeitswerte und Stromstärke

Entstehung des photographischen Bildes

Lichts als Regentropfen vor. Wenn die Tropfen in den Eimer fallen, sammelt sich Wasser in ihm an (in Wirklichkeit ist es natürlich elektrischer Strom). Je nach Helligkeitsverteilung des Motivs weisen manche Eimer mehr Wasser auf als andere. Der A/D-Wandler bestimmt nun die Wassertiefe in jedem Eimer, die eine analoge Größe ist, und wandelt sie in die gewünschte binäre Form. Da der Computer, wie wir oben gelernt haben, nur zwischen „Strom fließt" und „Strom fließt nicht" unterscheiden kann und deswegen im binären Zweier Nummern-System arbeitet, bildet er die lineare Kurve in Form einer Treppe nach. Wie nah die Treppenstufen aneinander liegen, wie fein die Abstufungen also ausfallen und wie präzise die eigentlich unendlich vielen Tonwertabstufungen der Kurve dementsprechend nachgebildet werden können, hängt von der Anzahl Bits ab, mit der der Wandler intern arbeitet, die wir auch als **Bitbreite** oder **Farbtiefe** bezeichnen. Ein 3 Bit A/D-Wandler generiert 2^3 = 8 Abstufungen, ein 4 Bit A/D-Wandler 2^4 = 16 Abstufungen, ein 8 Bit A/D-Wandler 2^8 = 256 Abstufungen, ein 12 Bit A/D-Wandler 2^{12} = 4096 Abstufungen, ein 16 Bit A/D-Wandler 2^{16} = 65536 Abstufungen und so weiter. In der Praxis begegnen uns heute im Bereich der digitale Kameras A/D-Wandler mit 12-14 Bit. Da wir im RGB-Farbmodell arbeiten und es deswegen mit drei einzelnen Farbkanälen zu tun haben, werden sie als 24 Bit A/D-Wandler bzw. 36 oder 48 Bit A/D-Wandler bezeichnet. Je größer die Bitbreite oder Farbtiefe des A/D-Wandlers ist, umso größer ist auch die Anzahl der Helligkeitsabstufungen in jedem der drei Farbkanäle und umso genauer kann das analoge Eingangssignal nachgebildet werden. Erst nach diesem Schritt werden die Daten vom Mikroprozessor der Kamera weiterverarbeitet. Und weil dieser nur mit binären digitalen Werten arbeitet, ist die Datenverwandlung überhaupt nötig.

Digitale Schwächen

Silberfilm kann gepusht, also unterbelichtet und forciert entwickelt werden, um beispielsweise mit einer zu geringen Filmempfindlichkeit bei zu wenig Licht noch aus der Hand photographieren zu können. Genauso besitzen auch die Halbleiterelemente eine nach oben oder unten korrigierbare Empfindlichkeit. Und genau wie beim analogen Pendant führt das **Pushen** hier zu einer Vergröberung des Bildergebnisses. Dies liegt daran, daß die Sensoren durch die Unterbelichtung weniger Licht als eigentlich nötig erhalten, weswegen ihr Ausgangssignal verstärkt werden muss. Dabei wird zwangsläufig auch das elektrische **Rauschen** (daß

Elektronische Bildträger,
Digitale Schwächen

das Signal überlagernde Fehlerpotential) mitverstärkt. Da die Aufnahme aber ursprünglich unterbelichtet war, das resultierende schwache Signal aber die normale Menge Rauschen enthielt, treten die unerwünschten schneeähnlichen Artefakte nach der Verstärkung sichtbar hervor und überlagern das Bild. Damit wir uns richtig verstehen: Das Rauschen ist auch bei niedrigeren ASA-Werten immer vorhanden, aber im Vergleich zum eingehenden Signal viel schwächer und deswegen kaum wahrnehmbar.

Digitale Bildträger weisen zwar keinen dem Silberfilm verwandten Schwarzschildeffekt auf, reagieren dafür aber oft mit sogenannten **Hotpixeln** auf lange Belichtungszeiten. Dies rührt von der unkontrollierten Entladung einer CCD- oder CMOS-Zelle, wenn sie ihr Ladungslimit überschreitet und äußert sich in weißen, roten oder blauen Störpixeln, die besonders in dunklen Bildteilen störend auffallen. Um dem vorzubeugen, beschränken manche Hersteller die längste mögliche Belichtungszeit oder wirken mit einer entsprechend trickreich programmierten Firmware gegen. So Sie sich weiter als herstellerseitig vorgesehen in den Langzeitbereich vortasten wollen können Sie die Störpotentiale verringern, indem Sie die Kamera kühlen, wie dies im Bereich der Astrophotographie geschieht, oder im Nachhinein mit einer Software wie dem *Hotpixels Eliminator* entfernen. Übrigens produzieren auch die Photorezeptoren in unseren Augen unter dem Einfluss von Wärmestrahlung solche ungewollten Entladungen. – Achten Sie mal, wenn Sie nachts schon einige Zeit im Bett liegen und vollständig skotopisch adaptiert sind, darauf, ob Sie die winzigen hellen Pünktchen wahrnehmen.

Ein allein bei CCD-Chips auftretendes Problem ist das **Blooming** (*to bloom* = „Blühen"). Ausgelöst durch besonders helle Motivstellen werden einzelne Sensor-Stellen überbelichtet und können ihre Spannung nicht mehr kontrollieren. Ihre Ladungen „schwappen" quasi auf angrenzende Bereiche des Chips über. Dies führt zu plötzlichem Kontrastverlust durch Überzeichnen in diesen hellen Bildteilen, die als nahezu einfarbig weiße Fläche wiedergegeben werden. Rund um Lichtquellen sind oft auch Streifen oder Lichthöfe zu erkennen. Besonders anfällig für das Blooming sind stark reflektierende Flächen wie Chrom oder Glas. Es gibt verschiedene hardwareseitige Techniken, um den Blooming-Effekt zu minimieren. Beim **Horizontalen und Vertikalen Antiblooming** wird neben einem Pixel wird eine Art „Gulli" gebaut, in

Entstehung des photographischen Bildes

den überfließende Elektronen abfließen können. Vorteile sind einfacher Aufbau und effektive Wirkung, nachteilig ist, daß Platz auf der lichtempfindlichen Sensorfläche verloren geht, so daß sie an Empfindlichkeit verliert. Das **Clocked Antiblooming** nutzt die Eigenschaft der Elektronen, mit „Löchern" im Kristallgitter zu rekombinieren. Durch spezielle Taktung wird der Vorrat an Löchern ständig aufgefrischt. Nachteilig ist allerdings, daß die Kapazität der Pixel sinkt und das Verfahren technisch kompliziert ist.

So können wir am Ende eine eigentlich verkehrte Welt konstatieren: Die AgX-Kristalle der Silberfilme kennen nur zwei Zustände, belichtet oder nicht belichtet. Die von einer Photodiode generierte Spannung kann dagegen jeden beliebigen Wert annehmen. Silberfilme sind also im Kern digitale Bildträger, während elektronische Chips intern zunächst einmal analog arbeiten!

3 Die Wahrnehmung des Raums und seiner Ausdehnung

Inhalt

Bausteine unserer Raumwahrnehmung
    Stereoskopie
    Konvergenz und Akkommodation
    Schärfe und Unschärfe
    Bewegungsparallaxe
    Fortschreitendes Zu und Aufdecken von Flächen
    Verdeckung und Überschneidung
    Relative Größe
    Schattenwurf
    Zentralperspektive
    Atmosphärische Perspektive
    Farbperspektive

Die Wahrnehmung des Raums und seiner Ausdehnung

Bausteine der Raumwahrnehmung

Tabelle 1 Tiefenkriterien und Entfernungsbereiche			
Kriterium/ Entfernung	0-2 m	2-30 m	>30 m
Verdeckung	x	x	x
Relative Größe	x	x	x
Konvergenz und Akkomodation	x		
Bewegungparalaxe	x	x	
Relative Höhe		x	x
Atmosphärische Perspektive			x

Der Raum und die Gegenstände darin dehnen sich in drei Dimensionen aus. Die Größe des Raums, seine Tiefe, ist die Ausdehnung zwischen den Objekten. Je nach dem, wie uns der Raum erscheint, verwenden wir die Attribute „ausgedehnt", „weitläufig", „unendlich", „eng" oder „gepresst". Auf der Netzhaut in unseren Augen erscheint der Raum naturgemäß als nur zweidimensionale Abbildung. Da wir trotzdem Tiefe und Größe auffassen, muss unser visuelles System sie hinzufügen, also konstruieren. In der Photographie müssen wir ohne diese Konstruktionsmechanismen auskommen und können die Tiefe des Raums als 3. Dimension folgerichtig nicht direkt wiedergeben. Hilfestellung, um den Eindruck der Tiefe trotzdem zu transportieren, leistet die Einbeziehung jener Anhaltspunkte, die auch das visuelle System nutzt.

Zur Konstruktion räumlicher Tiefe vertraut unser Wahrnehmungsapparat nicht auf ein einzelnes Kriterium, wie die Zentralperspektive, sondern baut auf verschiedene Anhaltspunkte. Sie können wir unterteilen in die **binokularen Tiefenkriterien**, wie Stereoskopie, Konvergenz und Akkomodation, zu deren Nutzung beide Augen nötig sind und die auch mit nur einem Auge wahrnehmbaren **monokularen Tiefenkriterien**. Zu den letzteren zählen unter anderem die Verdeckung, die relative Größe und die atmosphärische Perspektive. Darüber hinaus sind noch **bewegungsinduzierte Tiefenkriterien**, wie die Bewegungsparallaxe und das fortschreitende Zu- und Aufdecken von Flächen, nachgewiesen. Sie nutzen unsere Bewegung relativ zu den Objekten im Raum und der große Physiologe Hermann von Helmholtz beschrieb schon 1867 eine Situation, in der die Bewegung des Beobachters die Tiefenwahrnehmung befördert: *„Wenn man zum Beispiel in einem dichten Walde still steht, ist es nur in undeutlicher und gröberer Weise möglich, das Gewirr der Blätter und Zweige, welches man vor sich hat, zu trennen und zu unterscheiden, wel-*

Bausteine der Raumwahrnehmung
Stereoskopie

che diesem und jenem Baum angehören. ... So, wie man sich aber fortbewegt, löst sich alles voneinander, und man bekommt sogleich eine körperliche Raumanschauung von dem walde, gerade so, als wenn man ein gutes stereoskopisches Bild desselben ansähe." (von Helmholtz 1867, S. 779-780). Im Hinblick auf ihre Wirksamkeit in den verschiedenen Entfernungsbereichen können wir diese Tiefenkriterien wie folgt kategorisieren:

Stereoskopie

Unsere Augen sind nebeneinander versetzt und liefern uns zwei Bilder, die sich zwar in einem weitem Bereich überlappen, trotzdem aber leicht nach rechts und links versetzt sind. Diese zweidimensionalen Netzhautbilder verschmilzt das Gehirn zu einer einzigen Wahrnehmung, die uns durch die Verrechnung der geringfügigen Abweichungen zwischen den Bildern den Eindruck räumlicher Tiefe vermittelt. Dieses sogenannte **stereoskopische Sehen** gibt unserem Wahrnehmungsapparat die wichtigsten Hinweise auf die relativen Entfernungen zwischen den Objekten und bildet die Basis der Tiefenwahrnehmung. Da beide Augen am Zustandekommen der Stereoskopie beteiligt sind, wird sie auch als **binokulares Tiefenkriterium** bezeichnet.

Um uns das stereoskopische Sehen zu ermöglichen, orientiert sich das visuelle System an den **korrespondierenden Netzhautpunkten**. Das sind jene Stellen auf jeder Netzhaut, die sich decken, wenn man beide Netzhäute übereinanderlegen würde und die mit der jeweils selben Stelle im visuellen Kortex verbunden sind. Stellen Sie sich, um es anschaulich zu machen, vor, Sie wären der Beobachter auf der Felsklippe am Nordrand des Grand Canyon in Abb. 26 und würden direkt auf den Punkt Y blicken. In diesem Fall liegen die Punkte X, Y und Z auf dem sogenannten **Horopter**, einem gedachten Kreis, der durch den

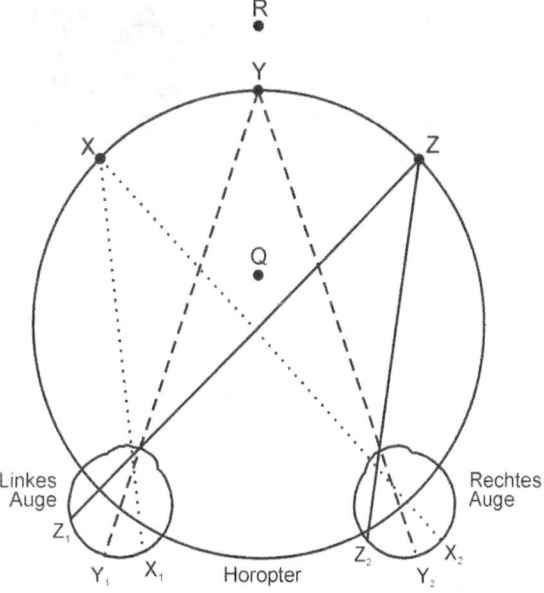

Abb. 25: Horopter schematisch
Das Objekt X fällt auf die korrespondierenden Netzhautpunkte B und B', das Objekt Z auf A und A', das Objekt Y auf die Fovea centralis F und F'.

Die Wahrnehmung des Raums und seiner Ausdehnung

Abb. 26: Horopter praktisch

jeweiligen Fixationspunkt (der Punkt der angeschaut wird und auf den Bereich des schärfsten Sehens, die Fovea centralis, fällt) und durch die optischen Mittelpunkte beider Augen verläuft. Alle Punkte auf dem Horopter fallen immer auf **korrespondierende Netzhautpunkte**, alle Punkte davor und dahinter fallen immer auf **nichtkorrespondierende Netzhautpunkte**. Die zuletzt genannten, auch als **disparate Netzhautpunkte** bezeichnet, sind analog zum ersten Fall beim Übereinanderlegen der beiden Netzhäute nicht deckungsgleich. Die Punkte Q und R in Abb. 26 fallen also auf nichtkorrespondierende Netzhautpunkte. Auf sie kommt es an, wenn es um die Wahrnehmung von räumlicher Tiefe geht und deswegen wollen wir sie in Abb. 27 genauer betrachten.

Der Punkt R wird auf der Netzhaut in R_1 und R_2, der Punkt Q in Q_1 und Q_2 abgebildet. Den Winkel zwischen R_1 und R_2 bzw. zwischen Q_1 und Q_2 nennen wir **Querdisparationswinkel** und er bestimmt den folgenden allgemeinen Zusammenhang für die Wahrnehmung räumlicher Tiefe: Je größer der Querdisparationswinkel, desto weiter ist das Objekt vom Horopter entfernt. So weit so gut, aber daraus allein können wir noch keinen Rückschluß auf die genaue räumliche Anordnung der Objekte ziehen, wissen also nicht, ob sie vor oder hinter dem Horopter liegen. Aber wenn wir noch einmal genau auf die Abbildung schauen, sehen wir, daß die Bildpunkte von R weiter innen auf der Netzhaut liegen als die von Q und dies gestattet uns die Formulierung eines weiteren speziellen Zusammenhangs: Objekte, die vor dem Horopter liegen (hier Punkt Q) werden auf den äußeren Randbereichen der Netzhäute abgebildet. Die dabei entstehende Disparation wird **gekreuzte Disparation** genannt. Umgekehrt werden hinter dem Horopter liegende Punkte auf den inneren Teilen der Netzhäute abgebildet. Ihre **Disparation** wird als **ungekreuzt** bezeichnet.

Erst die Unterscheidung von gekreuzter und ungekreuzter Disparation gestattet dem visuellen System also einen Rückschluss darauf, ob etwas vor oder hinter einem fixierten Objekt liegt. Und erst mit diesen Angaben ist es in der Lage eine stereoskopische Wahrnehmung unserer Umgebung zu konstruieren.

Bei der in den vorangegangenen Kapiteln angesprochenen Spezialisierung unter den Nervenzellen wird es nicht überraschen, daß solche besonders sensibilisierten Neuronen auch bei der Wahrnehmung räumlicher Tiefe eine wichtige Rolle spielen. Tatsächlich finden wir auf neuronaler Ebene, wie verschiedene Tierversuche an Katzen und Affen nachgewiesen haben, im primären visuellen Kortex und den nachgeschalteten Verarbeitungsbereichen Nervenzellen, die auf Reize von zwei, durch jeweils einen bestimmten Querdisparationswinkel getrennten, Netzhautpunkten reagieren. Die Reizung

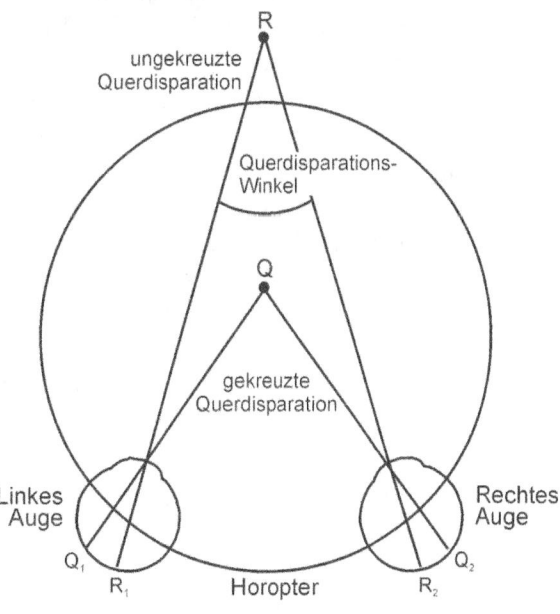

Abb. 27: Disparate Netzhautpunkte

Die Wahrnehmung des Raums und seiner Ausdehnung

nur eines einzelnen Auges quittieren diese sogenannten **binokularen Neuronen** ohne Reaktion (H.B. Barlow, C. Blakemore & J.D. Pettigrew 1967 / D. H. Hubel & T.N. Wiesel 1970). Daß diese Neuronen tatsächlich etwas mit der Tiefenwahrnehmung zu tun haben, konnte durch Verhaltensexperimente bewiesen werden (R. Blake & H. Hirsch 1975). Die Wissenschaftler Blake und Hirsch entzogen Katzenjungen während der ersten Lebensmonate die Möglichkeit mit beiden Augen zu sehen. Statt dessen sahen die Tiere jeweils einen Tag lang abwechselnd mit dem rechten oder dem linken Auge. Ohne die normale beidäugige Reizung bilden die binokularen Neuronen in dieser prägenden Phase der Wahrnehmungsentwicklung aber keine Verknüpfungen zu anderen Nervenzellen und gehen zugrunde. Folgerichtig waren die Tiere nicht in der Lage stereoskopisch zu sehen.

Wenn unsere Augen also eine bestimmte Stelle im Raum auffassen, dann werden die binokularen Zellen, die optimal auf verschiedene Querdisparationswinkel ansprechen, von den in den jeweils richtigen Entfernungen liegenden Reizpunkten erregt und wir nehmen die Punkte als unterschiedlich weit entfernt wahr. Allerdings ist noch nicht geklärt, wie genau unser Wahrnehmungssystem diese einander entsprechenden Punkte ermittelt.

Konvergenz und Akkommodation

Konvergenz und Akkommodation beruhen auf der Fähigkeit des visuellen Apparats, die Augenstellung und die Anspannung des Augenmuskels auszuwerten und werden daher auch als **okulomotorische Tiefenkriterien** bezeichnet. Durch sie gewinnen wir Informationen über die Entfernungsverhältnisse der fixierten- und nichtfixierten Gegenstände, die uns weitere starke Anhaltspunkte zur Konstruktion räumlicher Tiefe vermitteln.

Wenn wir nahe Objekte anschauen, drehen sich die Augen nach innen, zur Nase hin und die Blickrichtungen beider Augen laufen sichtbar zusammen, wir sagen sie **konvergieren** und schneiden sich gerade in dem fixierten Punkt. Gleichzeitig verdickt sich die Augenlinse, um auf das Objekt scharf zu stellen. Dieses Fokussieren nennen wir **Akkomodation**. Beides können Sie spüren, wenn Sie einen Finger auf Armeslänge von sich weghalten, auf seine Spitze schauen und ihn dann auf Ihre Nase zu bewegen. Das einwärts Drehen der Augen und das Verdicken der Linse verursachen eine wachsende Spannung in den Augen.

Der Winkel, unter dem die beiden Sehachsen konvergieren, ist bei geringen Entfernungen groß und nimmt ab je weiter der Fixationspunkt entfernt ist.

Bausteine der Raumwahrnehmung
Konvergenz/Akkomodation, Schärfe/Unschärfe

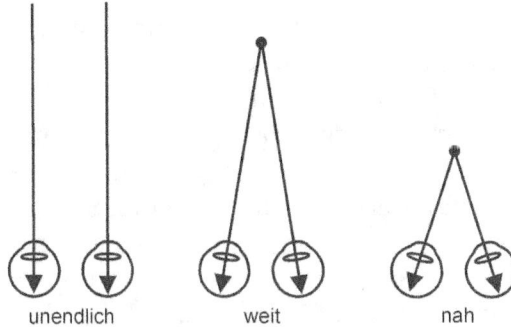

Abb. 28: Konvergenzwinkel
Konvergenzwinkel bei Einstellung der Augen auf unendlich (links), weit (mitte) und nah (rechts).

Bei der Einstellung auf „unendlich" stehen die Augen parallel und der Winkelbetrag ist null. Aus der Registrierung und Verrechnung des Konvergenzwinkels kann das visuelle System die absolute Objektentfernung in einer trigonometrischen Berechnung bestimmen.

Die Akkommodation liefert dem Gehirn bei Distanzen unter drei Metern (bei größeren Distanzen sehen wir auch ohne Linsenveränderung scharf) effektive Anhaltspunkte zur Entfernungsbestimmung. Zum einen kann es aus dem Akkommodationszustand der Linse einen direkten Rückschluss auf die Objektentfernung ziehen. Zum anderen gewährt ihm die mit zunehmender Entfernung von der Fixationsebene ebenfalls zunehmende Unschärfe einen indirekten Rückschluss auf die Entfernungsverhältnisse. Denn wenn wir in einem Moment ein Objekt scharf und ein anderes unscharf sehen, müssen beide auf verschiedenen Entfernungsebenen liegen und entsprechend unterschiedlich weit von uns entfernt sein.

Schärfe und Unschärfe

Wie wir im Abschnitt „Stereoskopie" gelernt haben erscheinen uns die Objekte auf dem Horopter scharf, die vor- oder hinter ihm liegenden dagegen unscharf und verschwommen. Aus diesem Sachverhalt können wir lernen, daß es uns nicht möglich ist unterschiedlich weit voneinander entfernte Objekte gleichzeitig scharf zu sehen. Dies ist uns so alltäglich und geläufig, daß wir es kaum wahrnehmen, aber wenn Sie einmal bewußt darauf achten merken Sie schnell, daß sich aus der Verteilung von scharf und unscharf im Gesichtsfeld präzise Rückschlüsse auf die Verteilung der Gegenstände im Raum ziehen lassen.

Vollziehen Sie es einmal aktiv nach. Der Blick aus dem Fenster offenbart Ihnen bestimmt eine Vielzahl unterschiedlich weit voneinander entfernter Objekte, wie Häuser, Bäume, Sträucher und Menschen. Suchen Sie sich ein nicht zu weit von Ihnen und voneinander entferntes Paar aus das möglichst genau in einer Ebene liegt. Nun richten Sie den Blick zunächst auf das hintere der beiden, so daß Sie es scharf sehen. In dieser Konstellation wird Ihnen das

Die Wahrnehmung des Raums und seiner Ausdehnung

vordere Objekt verschwommen und irgendwie transparent erscheinen. Damit meine ich, daß der Hintergrund ein wenig durchschimmert. Dann wechseln Sie den Fokus und schauen den vorderen Gegenstand „scharf" an. Die Verschwommenheit und der Transparenz-Effekt wechseln nun nach hinten. Zuletzt versuchen Sie mal beide Objekte gleichzeitig scharf zu sehen. Bestimmt merken Sie schnell, daß das nicht möglich ist. Die Tiefenschärfe unserer Augen ist dafür bei kurzen und mittleren Entfernungen nicht groß genug. Erst weit von uns entfernte Landschaftsteile können wir parallel scharf wahrnehmen.

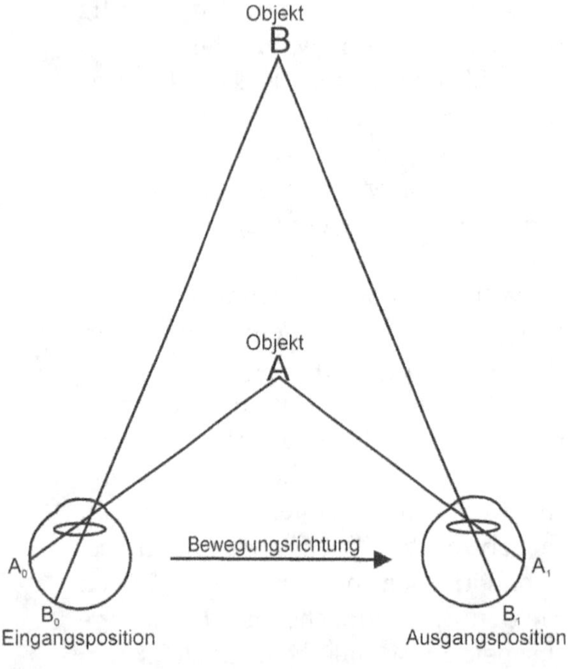

Scharf und unscharf wahrgenommene Gegenstände in derselben Blickrichtung erlauben uns also den Schluß auf eine bestehende unterschiedliche Entfernung dieser Dinge und tragen dazu bei, den Eindruck räumlicher Tiefe entstehen zu lassen.

Bewegungsparallaxe

Die **Bewegungsparallaxe** dient uns als Anhaltspunkt zur Wahrnehmung räumlicher Tiefe auf Grundlage der relativen Geschwindigkeit zwischen uns und den Gegenständen im Raum. Dieser Geschwindigkeitsunterschied ist besonders augenfällig, wenn wir aus dem Fenster eines sich bewegenden Fahrzeugs schauen. Nahe Gegenstände, wie die Leitplanken und die Begrenzungspfähle der Straße, ziehen verwischt an uns vorbei während sich die entfernt am Horizont gelegenen nur langsam bewegen. Daraus leitet sich folgendes Kriterium ab: Weit entfernte Objekte bewegen sich langsam, Gegenstände in unserer Nähe bewegen sich schnell. Warum sich das so verhält, erklärt sich recht schnell, wenn wir uns anhand von Abb. 29 verdeutlichen, was während einer Bewegung mit der Abbildung auf unserer Netzhaut passiert.

Abb. 29: Bewegungsparalaxe

Bausteine der Raumwahrnehmung
Bewegungsparallaxe, Zu-/Aufdecken, Verdeckung/Überschneidung

Wir nehmen ein nahes Objekt A und ein entferntes Objekt B an und ein Auge, das sich aus der Eingangsposition nach rechts in die Ausgangsposition verschiebt. In der Eingangsposition werden A auf A_0 und B auf B_0 abgebildet. Am Ende der Bewegung verschieben sich diese Netzhautbilder auf A_1 und B_1. Die Abbildung von A hat also einen relativ weiten Weg quer durch das Gesichtsfeld des Beobachters zurückgelegt, die Abbildung von B hat sich verglichen damit nur wenig bewegt. Nahe Objekte legen während einer Bewegung also größere Entfernungen auf der Netzhaut zurück als entferntere und da die Zeitspanne dazu für beide gleich lang, müssen sie das schneller tun. Daher rührt der Geschwindigkeitsunterschied, aus dem wir zurück auf die Entfernung schließen können.

Fortschreitendes Zu- und Aufdecken von Flächen

Das Kriterium des **fortschreitenden Zu- und Aufdeckens** basiert darauf, daß wir zwei in unterschiedlicher Entfernung gelegene Flächen als relativ zueinander bewegt sehen, wenn wir selbst unsere Position anders als senkrecht zu ihnen verändern. Die Bewegung in die eine Richtung führt dazu, daß die nahegelegene Fläche die entferntere zudeckt, die Bewegung in die andere Richtung

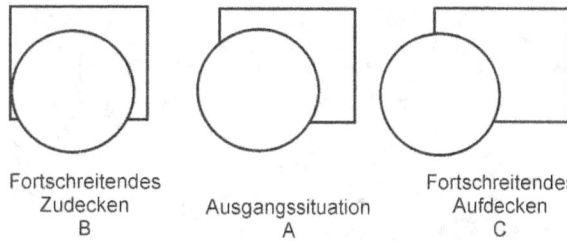

Abb. 30: Fortschreitendes Zu- und Aufdecken
Die Abbildung zeigt, daß ein Beobachter die hintere Fläche als bedeckter sieht, wenn er sich aus der Ausgangsposition A nach links bewegt (B) und als aufgedeckt, wenn er sich umgekehrt nach rechts bewegt (C).

bewirkt umgekehrt ihre Aufdeckung. Dieser Anhaltspunkt für räumliche Tiefe ist eng mit der Bewegungsparallaxe verwandt und ist an Kanten und Grenzflächen besonders effektiv.

Verdeckung und Überschneidung

Wenn ein Gegenstand einen Anderen überschneidet und zum Teil verdeckt, nehmen wir diesen als weiter vorn liegend wahr. Bei dieser Betrachtung erhalten wir zwar keine nähere Information über die Entfernungen beider Gegenstände, können aber auf deren relative räumliche Position schließen. So führen **Verdeckung und Überschneidung** zu einer Tiefenwahrnehmung, die der Ausdehnung des verdeckten Objekts entsprechen. Wie sich der Eindruck von Raumtiefe aus

Die Wahrnehmung des Raums und seiner Ausdehnung

Abb. 31: Verdeckung und Überschneidung

Mustern und die Erklärung dafür steht noch aus. Wie schwierig es ist, Tiefe ohne dieses Kriterium zu konstruieren, können Sie an Abb. 31 ausprobieren. Im unteren Bildteil gibt es eine deutlich nachvollziehbare Verdeckung und Überschneidung und deswegen fällt es uns leicht die räumliche Anordnung der Elemente wahrzunehmen. Verdecken Sie aber diese untere Bildhälfte, schwindet der Eindruck, weil es plötzlich schwer wird festzustellen, welche Objekte des freien Abschnitts vor- bzw. hintereinander liegen.

der Objektüberschneidung ergibt, erklärt sich bei Objekten, die uns bekannt sind, recht einfach: Wir wissen, wie sie vollständig aussehen und versuchen sie auf dieser Basis zu vervollständigen. Allerdings ergibt sich die Tiefenwahrnehmung auch bei gänzlich unbekannten

Relative Größe

Abb. 34 illustriert das Kriterium der relativen Größe. Obwohl die Graphik zweidimensional ist, verleitet uns der Größenunterschied der zwei Quadrate dazu anzunehmen, das kleine Objekt sei weiter entfernt als das große. Unter der Voraussetzung, daß die Dinge gleich groß sind, erscheint uns also ein kleineres Objekt weiter entfernt zu sein als ein größeres und daraus leitet das visuelle System den Eindruck räumlicher Tiefe ab.

Abb. 32: Chiaroscuro

Schattenwurf

Schatten entstehen aus der Interaktion des Lichts mit den Gegenständen und Geländeformen um uns herum und liefern uns wichtige Hinweise auf das Vorhandensein von räumlicher

Ausdehnung und Tiefe. Grundsätzlich unterscheiden wir zwischen dem **Schlagschatten**, den ein Gegenstand auf seine Umgebung wirft und dem als **Chiaroscuro** bezeichneten hell-dunkel-Muster einer strukturierten Oberfläche. Schlagschatten nehmen wir häufig bewußt wahr, berücksichtigen sie als Anhaltspunkt für räumliche Tiefe aber nur dann, wenn wir es mit ausgedehnten Flächen zu tun haben. Das Chiaroscuro spielt dagegen eine eine große Rolle bei der eher unbewußten Wahrnehmung, da es eng mit den räumlichen Strukturen der Objektoberflächen zusammenhängt.

Aber bei genauerer Betrachtung sind Schatten viel weniger eindeutig, als sie uns in unserer alltäglichen Wahrnehmung erscheinen. Erhebungen und Vertiefungen erzeugen beide charakteristische Schattenbilder auf der jeweils lichtabgewandten- (Erhebungen) bzw. lichtzugewandten (Vertiefungen) Seite. Aus ihnen können wir in Kenntnis der Beleuchtungsverhältnisse darauf schließen, ob wir eine Erhebung oder eine Vertiefung vor uns haben. In vielen Fällen wissen wir jedoch nicht, aus welcher Richtung das Licht einfällt. In solchen Situationen entsteht trotzdem immer eine Wahrnehmung mit räumlicher Ausdehnung, die auf einer praktischen Vermutung unserer visuellen Intelligenz basiert. Im Englischen bezeich-

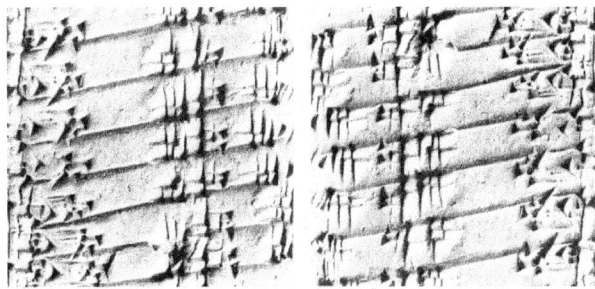

Abb. 33: Doppeldeutiger Schattenwurf

net man sowas als *educated guess*. Diese Vermutung basiert allem Anschein nach auf der Annahme einer über dem Kopf befindlichen Lichtquelle, solange wir keine definitiven anderen Anhaltspunkte besitzen. Das ergibt vor dem Hinter-

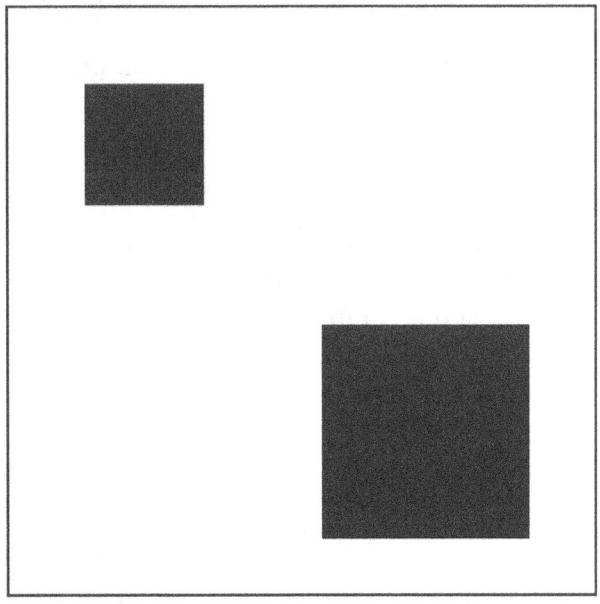

Abb. 34: Relative Größe

Die Wahrnehmung des Raums und seiner Ausdehnung

grund unserer Entwicklungsgeschichte einen perfekten Sinn, denn die weitaus längste Zeit haben wir mit der Sonne als einziger Lichtquelle verbracht. Gerichtetes Licht aus künstlichen Quellen gibt es dagegen erst seit so kurzer Zeit, das es kaum Niederschlag in unserem visuellen System gefunden haben kann. Aus diesem Grund haben wir wohl gelernt im Zweifelsfall die Lichtrichtung „von oben" anzunehmen und unsere Entscheidung, ob Erhebung oder Vertiefung, an ihr zu orientieren. Abb. 33 illustriert diesem Zusammenhang. Im Bildausschnitt links scheinen kleine Erhebungen hervorzuspringen. Auf der rechten Seite blicken wir dagegen auf Vertiefungen. In Wirklichkeit handelt es sich um eine einzige Aufnahme, die einmal richtig herum (rechts) und einmal um 180° gedreht (links) abgebildet ist. Wenn Sie das Buch auf den Kopf stellen, können Sie den Effekt nachvollziehen. Interessanter Weise bleibt der jeweilige Eindruck bestehen, obwohl Sie die Natur der Täuschung nun kennen. Das untermauert die Unabhängigkeit unsere visuellen Wahrnehmung von unserem Wissen.

Zentralperspektive

Die Projektion des Netzhautbildes folgt zwar den Gesetzen der Zentralperspektive, aber was wir letztlich wahrnehmen ist dann in vielerlei Hinsicht wieder korrigiert. Was uns deswegen zum Rückschluss auf die Ausdehnung des Raums bleibt, sind **konvergierende parallele Waagerechte** und der Texturgradient. Die auf den Horizont zulaufenden Eisenbahnschienen in Abb. 36 sind ein Beispiel für den ersten Fall. Warum greift dieses Merkmal nicht im Fall von Senkrechten? Das Gesamtbild unserer Umwelt bauen wir aus vielen Einzelbildern auf, indem das Auge von einem markanten Punkt zum anderen springt. Dazu ist es gezwungen, denn der Bereich des scharfen Sehens, den wir bewußt wahrnehmen, macht nur rund 5° unseres Blickfeldes aus. Objekte, die sich aufgrund ihrer Größe nur durch das Zusammenfügen mehrerer dieser „Einzelbilder" auffassen lassen, werden auf diesem Weg korrigiert, weil das Gehirn unter diesen Voraussetzungen eine gerade Linie als einfachste und stabilste Konstruktion voraussetzt. Darüber hinaus berücksichtigt die Wahrnehmung den Gleichgewichtssinn und die Schwerkraft und so nehmen wir an Gebäuden nur dann konvergierende vertikale Parallelen wahr, wenn wir sie aus einem sehr steilen Blickwinkel betrachten. Aber etwas, wie ein weit geradeaus laufender Schienenstrang paßt a) auf einmal in diesen Fokus und unterliegt b) nicht den Gesetzen der Schwerkraft. Demzufolge baut das visuelle System seine Hypothese hier allein

Bausteine der Raumwahrnehmung
Zentralperspektive

auf das gemäß der linearen Perspektive entstandene Netzhautbild und wir nehmen solche horizontalen Parallelen den perspektivischen Regeln gemäß als konvergierend wahr. Der **Texturgradient** dient uns als Anhaltspunkt auf räumliche Tiefe, weil wir davon ausge-

Abb. 36: Konvergierende Eisenbahnschienen

wie die mit zunehmendem Abstand als immer dichter gepackt erscheinenden Pflastersteine einer Straße oder die immer dichter zusammenrückende lange Reihe identischer Telegraphen-

Abb. 35: Texturgradient 1
Bei Drehung um 90° gegen den Uhrzeigersinn entsteht der Tiefeneindruck

hen, daß gleich aussehende Dinge auch identisch groß sind. Kleiner werdende Abstände zwischen solchen gleichen Objekten bzw. ihre mit zunehmender Entfernung verkleinerte Abbildung,

Abb. 37: Texturgradient 2
Senkrecht von oben betrachtet wäre klar zu erkennen, daß die Abstände zwischen den Begrenzugspfählen jeweils gleich groß sind.

Die Wahrnehmung des Raums und seiner Ausdehnung

masten, läuft dem zuwider und wird durch den Schluß auf eine bestehende Ausdehnung in die Tiefe erklärt. Abb. 37 illustriert dies. Allerdings müssen wir einschränkend hinzufügen, daß der Texturgradient nur dann zur Tiefenwahrnehmung führt, wenn wir erkennen, was wir vor uns haben. Abb. 35 zeigt, wie das gemeint ist. In der abgebildeten Form können wir das Motiv, eine Grasfläche, auf dem Photo nicht erkennen und deswegen stellt sich auch der Eindruck räumlicher Tiefe nicht ein. Drehen Sie es aber um 90° gegen den Uhrzeigersinn, sehen Sie sofort, was gemeint ist und nehmen ebenfalls die Tiefe wahr.

Atmosphärische Perspektive

Der **atmosphärischen Perspektive** (auch als **Luftperspektive** oder **Luftlicht** bezeichnet) ist es geschuldet, daß wir entferntere Objekte im Hinblick auf Schärfe und Detailreichtum sowie Helligkeit und Farbigkeit verzerrt wahrnehmen. Die schwindende Schärfe und der mit der Entfernung zunehmende Blaustich bzw. die Aufhellung aller Tonwerte sind zwei Kriterien, aus denen unser visuelles System aufgrund von Erfahrung auf Entfernung und räumliche Tiefe folgert. Sie sind also erlernt.

Der Grund für die Entstehung der Luftperspektive liegt in der Natur der Atmosphäre. Sie enthält Partikel unterschiedlicher Größe, wie Staub,

„Es gibt eine Art von Perspektive, die man Luftperspektive nennt und die von Unterschieden in der Dichte der Luft abhängig ist. (...) Durch dichte Luft gesehen, erscheint – wie du beispielsweise im Fall von Bergen erkennst – jeder Gegenstand bläulich."
Leonardo da Vinci

Wassertröpfchen, Gase und Aerosole. Diese verursachen das, was wir **Dunst** nennen, durch einen physikalischen Vorgang, den man nach seinem Entdecker **Mie-Streuung** nennt. Gustav Mies Berechnungen sagten 1908 voraus, daß regelmäßig geformte Teilchen, deren Durchmesser größer ist, als der Wellenlängenbereich des sichtbaren Lichts (400 bis 700 nm), die einfallende Strahlung mit zunehmender Größe immer mehr nur nach vorn und immer gleichmäßiger über das Gesamtspektrum streuen. „Nach vorn" bedeutet in diesem Fall entgegen der Richtung, aus der das Licht einfällt und „gleichmäßig", daß kein Wellenlängenbereich bevorzugt wird und sich alle Farben zu einem mehr oder weniger deutlichen Weiß ergänzen.

Da Streuung eine Art „Verschwimmen" des Lichts ist, gehen mit zunehmender Entfernung die Details verloren und unsere Schärfewahrnehmung schwindet. Objekte in mittlerer Entfernung sind ganz besonders von der Streuung des kurzwelligen blauen- bzw. des UV-Anteils des Spektrums betroffen und erscheinen eben deshalb oft flau und blaustichig. Mit noch weiter zunehmender Entfernung (je mächtiger also die dazwischen liegende Luftschicht ist) nimmt der Effekt der Mie-Streuung immer mehr zu. Deswegen erscheint uns der Himmel da, wo er am Horizont am weitesten von uns entfernt ist, als weiß.

Der Effekt der Luftperspektive wird uns häufig erst richtig bewusst, wenn dieser Anhaltspunkt in Gebieten mit sehr reiner Luft fehlt. Dort erscheinen uns dann auch weit entfernte Landschaftsformen ganz nah und wir haben plötzlich Schwierigkeiten die Entfernungen richtig einzuschätzen.

Farbperspektive

Die Farbperspektive besagt, daß uns warme und eher dunkle Farben, wie Blau, bzw. gesättigte Farben und

Abb. 38: Atmosphärische Perspektive

scharf voneinander abgegrenzte Farbflächen näher erscheinen als kalte und eher helle Farbwerte, wie z.B. Gelb bzw. Pastelltöne oder diffus ineinander übergehende Farbflächen. Die unterschiedliche Tiefenwirkung von

Abb. 39: Farbperspektive

Die Wahrnehmung des Raums und seiner Ausdehnung

dunklen und hellen Farben können wir sicher zu einem guten Teil mit dem gerade im Hinblick auf die Luftperspektive erworbenen Wissen erklären. Darüber hinaus gibt es jedoch auch eine physiologische Erklärung dafür, daß Farben aus dem langwelligen (roten) Bereich des Spektrums näher auf uns wirken als solche aus dem kurzwelligen (blauen) Teil.

Der Fachbereich der *Optik* lehrt uns, daß die kurzwelligen- und langwelligen Bereiche des Spektrums in einem einfachen Linsensystem an zwei verschiedenen Punkten gebrochen werden und daß dies zu einander überlappenden Farbrändern und beeinträchtigter Sehschärfe führt. Dieser Abbildungsfehler wird **chromatische Aberration** genannt. Unser visuelles System unterdrückt ihn mit verschiedenen physiologischen Maßnahmen, die alle in der Bevorzugung des leichter zu beherrschenden langwelligen Spektralbereichs münden (siehe Band zwei dieser Reihe, *Helligkeit und Farbe – Unsere Vorliebe für warme Farben*). Für die Farbperspektive ist darüber hinaus der folgende Zusammenhang wichtig: Beim Betrachten von Gegenständen in roter-, orangener- oder gelber Farbe (langwellig) wird die Linse im Auge konvexer gestellt als beim Fokussieren auf gleichgroße grüne-, blaue- oder violette Objekte (kurzwellig), wenn sie eher abgeflacht ist, um ein scharfes Bild zu produzieren. Die konvexere Form bewirkt eine geringfügige Vergrößerung des Netzhautbildes und deswegen erscheint uns das rote Objekt näher als das eigentlich identisch große blaue. Dieser aufgrund der Farbigkeit wahrgenommene Größenunterschied sorgt für eine deutliche Tiefenstaffelung und befördert den Eindruck räumlicher Ausdehnung.

Die photographische Abbildung des Raums

Inhalt

Faktoren der Raumabbildung
    Blickwinkel
    Blickrichtung
    Verdeckung
    Relative Größe
    Schattenwurf
    Atmosphärische Perspektive
    Farbperspektive
    Schärfe und Unschärfe
    Ebenen
    Maßstab
    Kontrolle und Korrektur der Zentralperspektive

Die photographische Abbildung des Raums

Faktoren der Raumabbildung

Haben Sie auch schon einmal angenommen Ihr starkes Weitwinkel würde die großartige Weite der vor Ihnen liegenden Landschaft von ganz allein in ein ebenso spektakuläres Bild verwandeln? Und sind dann mit dem Resultat in Händen mächtig enttäuscht worden? Das ist nicht verwunderlich und Sie sind auch ganz bestimmt nicht allein damit, denn Tiefe und Weite können als 3. Dimension nicht direkt in einer zweidimensionalen Photographie wiedergegeben werden. Nur ihre Andeutung mit Stellvertretern und Kriterien, die unsere Wahrnehmung zur Konstruktion von Tiefe nutzt, ist möglich. Um aus der beliebigen Raumillusion, die jede Aufnahme erzeugt, den angemessenen und richtigen Eindruck von Tiefe zu erschaffen, braucht es Wissen und Arbeitsbereitschaft.

Rein technisch müssen wir zunächst aber verschiedene Aufnahmegeräte unterscheiden. **Stereokameras** folgen dem Modell unserer Augen und belichten durch zwei nebeneinander versetzte Objektive zwei Einzelbilder, die, übereinander projiziert, zu einem räumlichen Eindruck verschmelzen. **Panoramakameras mit schwenkender Optik**, wie die Horizon 202 oder die Noblex 135, geben uns Bilder in zylindrischer Perspektive. Gemäß dieser Projektionsart werden nur solche Linien gerade wiedergegeben, die parallel zur Drehachse des Objektivs verlaufen. Alle anderen Geraden werden mehr oder weniger stark gekrümmt abgebildet. Das dritte Gerät in dieser Reihe sind **Fischaugenobjektive**. Mit ihnen können wir vollformatige Bilder im 180°-Winkel belichten, die der sphärischen Perspektive folgen. Das bedeutet, daß alle geraden Linien, außer denen die auf die Kamera zulaufen, mehr oder weniger durchgebogen aufgezeichnet werden. Aber dies alles sind Exoten mit beschränkter Alltagstauglichkeit. Die allermeisten Photographien sollen unserer Art der Raumauffassung nahekommen und entstehen deswegen mit zentralperspektivisch abbilden Objektivkonstruktionen und Kameras.

Die Art der Bild-Perspektive hängt also nur von der Bauweise der Kamera und des Objektivs ab und im Gegensatz zu unserer Wahrnehmung, die uns auf die Zentralperspektive festlegt, haben wir in der Photographie durchaus die Wahl zwischen mehreren Arten der Raumprojektion. Darüber hinaus gibt uns die Phototechnik die Mittel an die Hand, aktiv an allerhand Stellschrauben zu drehen und die vor uns liegende Szene entweder ungefähr so aufnehmen, wie wir sie sehen, oder die Tiefenwirkung zu betonen bzw. abzuschwächen. Dies tun wir über die bewußte Festlegung der Faktoren **Blickwinkel**, **Blickrichtung** und die Einbeziehung bestimmter **Abbildungsfaktoren**. – Allesamt mächtige Werkzeuge, um uns eine Auffassung des Raums zu erschließen, die uns unsere Wahrnehmung vorenthält. Denn wenn wir auch ein Auge schließen und uns der binokularen Tiefenkriterien berauben, so verändert sich doch unser Raumeindruck nicht nachhaltig! Besonders häufig werden wir zu diesen Mitteln greifen, um dem Bild über eine stärkere Tiefenwirkung zu mehr Lebendigkeit zu verhelfen. In den folgenden Abschnitten erkunden wir die Auswirkungen der drei Merkmale so gut es geht getrennt. Ihre richtige Wirkung entfalten sie aber erst in der überlegten Kombination

Blickwinkel

Für den Raumeindruck eines Photos ist sein **Blickwinkel** von großer Bedeutung. Er wird bestimmt von dem Verhältnis zwischen dem Bildwinkel des Objektivs und dem Aufnahmeformat. Je größer der Bildwinkel des Objektivs (je kürzer also seine Brennweite) und je größer das Filmformat, desto größer ist der abgebildete Blickwinkel. Alle wesentlichen Abbildungseigenschaften ergeben sich als logische Folge daraus, denn der Abbildungsprozess läuft ohne die Korrekturvorgänge unserer Wahrnehmung ab und folgt allein den Regeln der Zentralperspektive.

Eine vereinfachte Herangehensweise an diese grundlegende Einflußmöglichkeit ist die Vorstellung von der Projektion unserer Umgebung auf eine an Stelle der Kamera stehende durchscheinende Leinwand, quasi eine virtuelle Projektionsfläche. Auf ihr entsteht ein auf den Gesetzen der Zentralperspektive beruhendes Abbild der Szene. Mit der Brennweite bzw. dem Blickwinkel unserer Wahl tun wir nichts anderes, als ein mehr oder weniger großes Stück aus dieser Projektion herauszupicken. Ist dieses Stück groß (kurze Brennweite, großer Blickwinkel), so bildet es bestimmte Merkmale ab, die den Raum für uns tief erscheinen lassen. Ist es dagegen klein (lange Brennweite, kleiner Blickwinkel), so fehlen diese Anhaltspunkte.

Brennweite	Blickwinkel
21 mm	92°
28 mm	75°
35 mm	63°
50 mm	47°
75 mm	32°
135 mm	18°
200 mm	12°
400 mm	6°
600 mm	4°
1000 mm	2,6°

Die photographische Abbildung des Raums

Betrachten wir in dieser Hinsicht zuerst die kurzen Brennweiten (Abb. 40 & 43). **Weitwinkelobjektive** sind gemäß gängiger Definition Optiken, deren Brennweite kürzer als die Bilddiagonale des Aufnahmemediums ist. Im Kleinbildbereich sind dies Objektive mit Brennweiten von 35 mm und weniger. Mit der kurzen Brennweite geht ein verhältnismäßig großer Bildwinkel und ein daraus resultierender ebenfalls verhältnismäßig großer Blickwinkel einher. Deshalb erfassen Weitwinkelobjektive ein großes Stück des Raumes. Darüber hinaus weisen sie eine große Tiefenschärfe und eine kurze Naheinstellgrenze auf. Diese Kombination gestattet es uns, sehr nah an ein Objekt heranzugehen. Darin liegt der gestalterische Schlüssel, denn je weiter wir den Aufnahmeabstand verringern umso größer wird der Winkel zwischen den Fluchtlinien der Objekte (ihren im Fluchtpunkt konvergierenden Parallelen) und je größer dieser Winkel ist, desto stärker fällt der Größenunterschied (die perspektivische Verkürzung) zwischen den nahen und den entfernten Gegenständen aus. Nahe gelegene Objekte erscheinen unangemessen groß, entfernte unangemessen klein.

Zusammenfassend können wir sagen: Je größer der Blickwinkel des Objektivs, je kürzer der Aufnahmeabstand und je größer die Tiefenausdehnung des Motivs ist, umso stärker ausgeprägt ist das Größengefälle zwischen Vordergrund und Hintergrund.

Dieser Größenunterschied (siehe „Relative Größe") zwischen Vordergrund und Hintergrund ist für uns ein Indiz für Entfernung und deswegen erleben wir beim Betrachten solcher Aufnahmen eine ausgeprägte Raumtiefe. Der weiter unten folgende Abschnitt zur Wahrnehmung der Objektgrößen wird uns zeigen, daß uns unser Sehen diese Größenunterschiede weitgehend vorenthält, weil wir aus der Verrechnung des Sehwinkels mit der Entfernung eine recht präzise Größenkonstanz herleiten. Damit eröffnet uns die Photographie an dieser Stelle die Möglichkeit, einen für uns normalerweise unzugänglichen visuellen Eindruck zu schaffen. Um diese Möglichkeit sinnvoll zu nutzen, sollten wir uns ganz klar darüber sein, wann und zu welchem Zweck wir Weitwinkelobjektive einsetzen können oder sollten.

Mit dem großen Bildwinkel können wir einerseits dicht ans Motiv herangehen und eine Nähe im Bild schaffen, die den Betrachter unmittelbar ins Geschehen zieht oder aus größerer Entfernung einfach die Weite einer Landschaft erfassen. Andererseits können wir aus normaler Entfernung einen engen Raum, sei er in einem Ge-

Faktoren der Raumabbildung
Blickwinkel

bäude, in der Natur oder da, wo der Platz durch viele Menschen eingeengt ist, vollständig abbilden. Und natürlich können wir das hohe Maß der perspektivischen Verkürzung dazu nutzen, eine Bildaussage durch Überzeichnung zu steigern. Die Höhe eines Gebäudes können wir beispielsweise durch verstärkte stürzende Linien betonen oder die charakteristische große Nase eines Mitmenschen aus kurzer Distanz zur Karikatur aufpumpen. Und natürlich sind Weitwinkelobjektive, genau wie Normalobjektive, das Mittel der Wahl, wenn es darum geht längere Verschlusszeiten bei schlechten Lichtverhältnissen aus der Hand zu halten. Nur zu einem sollten wir sie nicht mißbrauchen: dazu, einfach immer mehr Inhalt ins Bild zu pressen. Aber dieses *don´t do* illustriert keiner besser als der große Meister Andreas Feininger:

„*Überladene Motive wirken unordentlich und verwirrend – eine unfotogene Charakteristik von Anfängern, die fest entschlossen zu sein scheinen, soviel wie nur möglich in ein Bild hineinzustopfen. Offenbar hegen sie den Glauben, was dem umherschweifenden Auge gefällt, müsse auch in Bildform wirkungsvoll sein, und vergessen dabei, daß ein Bild feste Grenzen hat; je mehr sie in diesen engen Rahmen hineinzwängen, desto kleiner und unscheinbarer wird alles. Diese ganz und gar unfotogene Gewohnheit werden sie nur dann ablegen, wenn sie lernen, «fotografisch zu sehen» – in diesem Zusammenhang: ein aus vielen Einzelheiten bestehendes Motiv optisch zu zerlegen und einzelne Teile getrennt zu fotografieren.*

Hierzu gehört übrigens auch die Beobachtung, daß fast alle Anfänger, die sich ein Zweitobjektiv zulegen, Weitwinkelobjektive wählen, die von demselben Kamerastandpunkt aus ein noch weiteres Bildfeld erfassen als Normalobjektive und somit die unfotogene Angewohnheit, zu viel auf das Bild zu bringen, noch verschlimmern. Meiner Meinung nach wären sie besser beraten, wenn sie ein mittleres Teleobjektiv nähmen, was wegen seines engeren Bildwinkels alles im grösserem Maßstab abbildet und dadurch die Bildwirkung verbessert." (Feininger 2001, S. 390)

Weniger ist also mehr und die Beschränkung auf das Notwendige unbedingte Voraussetzung für jede gelungene Bildgestaltung im Allgemeinen und den Weitwinkelbereich im Besonderen. Fünf einfache Regeln helfen dabei, Überflüssiges zu vermeiden:

• Beachten Sie den Hintergrund, denn eine kleine Änderung des Aufnahmestandorts führt dort beim Einsatz von kurzen Brennweiten häufig zu großen Änderungen

Die photographische Abbildung des Raums

- Benutzen Sie Vordergrundobjekte, um überflüssigen Hintergrund zu zudecken

- Nutzen Sie Querformat und Hochformat, denn damit läßt sich Unnötiges häufig am einfachsten aus dem Bild nehmen

- Schaffen Sie Zusammenhänge, denn alles, was zusammen gehört, verdient auf natürliche Weise seinen Platz im Bild

- Verkürzen Sie den Abstand zum Hauptmotiv, denn wenn dies größer abgebildet wird, verringert sich der Raum für Überflüssiges

Alles, was wir in Bezug auf die Tiefenwirkung des Bildes für die Weitwinkelbrennweiten festgestellt haben, ist bei den **Teleobjektiven** am langen Ende der Brennweitenskala ins Gegenteil verkehrt (Abb. 42 & 45). Gemäß der eingangs vorgestellten Definition haben wir es nun mit Objektiven zu tun, deren Brennweite länger als die Bilddiagonale des Aufnahmemediums ist. Im Kleinbildbereich sprechen wir ab 85 mm Brennweite aufwärts von Teleobjektiven. Sie zeichnen sich durch einen vergleichsweise kleinen Bildwinkel aus und erfassen deswegen nur einen engen Bereich des Raums. Dieser Eigenschaft fällt zwangsläufig die den Weitwinkelobjektiven eigene Betonung der Fluchtlinien zum Opfer, so daß Telebrennweiten zu Bildern mit geringer perspektivischer Verkürzung und einer ausgeglichenen Größenabbildung von nahen und entfernten Gegenständen führen. Genau umgekehrt zum Weitwinkelbereich gilt: Je kleiner der Bildwinkel, je größer der Aufnahmeabstand und je kleiner die Tiefenausdehnung des Motivs, desto schwächer ausgeprägt ist das Größengefälle zwischen Vordergrund und Hintergrund. Ohne die ausgeprägten Unterschiede zwischen den Objektgrößen geht uns aber das wichtige Entfernungsmerkmal aus dem Weitwinkelbereich verloren und deswegen erscheint uns der Raum in einer Teleaufnahme von nur geringer Ausdehnung zu sein. Man sagt auch er sei flach oder komprimiert und seine einzelnen Motivebenen seien aufeinandergepresst. Gerade diese ausgeglichene Wiedergabe der Größenverhältnisse sorgt dafür, daß Teleaufnahmen eine gewisse Ruhe und Ordnung ausstrahlen. Die mit dem engen Blickwinkel einer langen Brennweite einhergehende Komprimierung des Raumes ist dementsprechend nur scheinbar vorhanden und keine Eigenschaft des Objektivs. Vielmehr ist sie schon in dem gemäß der linearen Perspektive gezeichneten Abbild vorhanden.

Faktoren der Raumabbildung
Blickwinkel

Diese Abbildungsmerkmale können wir nutzen, um verschiedene Aspekte der Bildgestaltung zu befördern.

Zunächst ist da die **vergrößerte Abbildung des Motivs** zu nennen, denn bei gleicher Aufnahmeentfernung bildet ein Objektiv mit längerer Brennweite ein Objekt größer ab als eines mit kürzerer (mehr zum **Abbildungsmaßstab** weiter unten). Allerdings taugen echte Telebrennweiten nicht zur Abbildung kleiner Objekte. Aufgrund des fehlenden Makrobereichs liegt ihr maximaler Abbildungsmaßstab bei 1:6 oder 1:10 und damit können wir gerade einmal Porträts im vollen Format aufnehmen. An Schmetterlinge oder Bienchen ist damit nicht zu denken.

An zweiter Stelle steht die gezielte **Veränderung des Raumeindrucks**. Es gibt zahlreiche Fälle in denen uns daran gelegen ist, die Motivwelt im Sucher eben nicht weitwinkeltypisch zu präsentieren, sondern ihr den Tiefeneindruck zu nehmen und Vorder- und Hintergrund aufeinander zu pressen, weil wir eine Abstraktion schaffen wollen. Dieser Abbildungseffekt ist nützlich, um beispielsweise Farbflächen, Strukturen und Linienmuster einer Landschaft zu isolieren, sie ihres Bezugs zu berauben und damit leichter erkennbar und unterscheidbar zu machen.

Die Fähigkeit zur **Bildgestaltung mit selektiver Schärfe** nutz den Umstand, daß die Tiefenschärfe bei gleichbleibender Aufnahmeentfernung und Blendeneinstellung mit zunehmender Brennweite abnimmt. Verlängern wir dagegen den Abstand, um den Abbildungsmaßstab gleich zu halten, ist auch die Schärfezone vor und hinter der Fokusebene bei Weitwinkel- und Telebrennweiten identisch groß. Die Tiefenschärfe hängt damit streng genommen also nicht von der Brennweite, sondern vom Abbildungsmaßstab ab (diese Zusammenhänge illustriert Band vier dieser Reihe zur visuellen Schärfe ausführlich). Aber wie dem auch sei, mit der überlegten Platzierung der Schärfe lenken wir den Blick des Betrachters vom Unwichtigen auf das Wichtige und diese Platzierung wird leichter, wenn die Optik von sich aus eine geringere Tiefenschärfe aufweist. Neben den schon angesprochenen Auswirkungen des kleinen Bildwinkels ist er auch dafür verantwortlich, daß das Bild **weniger Raum für den Hintergrund** bereithält. Sollte er sich störend auf die Bildgestaltung auswirken, kann er beim Einsatz einer Telebrennweite mittels einer Veränderung des Aufnahmestandorts ausgeschaltet werden.

Zu guter Letzt ist natürlich noch die mit der langen Brennweite einher-

Die photographische Abbildung des Raums

gehende **Fähigkeit zur Entfernungs-Überbrückung** zu nennen. Sport- und Wildlifephotographen wären ohne sie aufgeschmissen, denn sie sind darauf angewiesen ihr Brot aus der zum Teil sicheren Entfernung zu verdienen. Allerdings hat auch dieses Merkmal seine Grenzen, denn mit Zunahme der Entfernung und bzw. oder Abnahme der Motivgröße ist jede Brennweite irgendwann mal ausgereizt. Darüber hinaus vereitelt die atmosphärische Perspektive an nicht wenigen Tagen die Freude an der Fernphotographie.

Zwischen dem Weitwinkel- und dem Telebereich liegen die sogenannten **Normalobjektive** (Abb. 41 & 44). Nachdem wir die Brennweite von Weitwinkelobjektiven als kleiner- und die von Teleobjektiven als größer als die Formatdiagonale des Aufnahmemediums definiert haben, erraten Sie sicher, wie sich dieser Faktor bei Normalobjektiven verhält. Richtig: Die Brennweite von Normalobjektiven entspricht in etwa der Formatdiagonalen des Aufnahmemediums. Im Kleinbildbereich sind das rund 45 mm. Aber wir sind großzügig und bezeichnen normalerweise 50 mm Objektive als normal, weil ihr Bildwinkel (gute 47°) in etwa dem entspricht, was wir auf einen Blick wahrnehmen können. Gemäß der einschlägigen Definition ist dies der Bereich, der ohne Kopfbewegung, jedoch mit Bewegung der Augen, gut eingesehen werden kann. Darüber hinaus ergeben Aufnahmen mit Brennweiten zwischen 40 mm und 50 mm Bilder, deren Größenverhältnisse und perspektivische Verkürzung ebenfalls ungefähr unserem Seheindruck entsprechen. Ihnen geht also jede Effekthascherei, wie die Übertreibung der Größen im Vordergrund oder ein ungewöhnlich großer Abbildungsmaßstab, ab. Aus diesem Grund kommt der sorgfältigen Wahl des Ausschnitts beim Einsatz von Normalobjektiven weit größere Bedeutung zu, als bei jeder anderen Brennweite. Jede Unkonzentriertheit und Unstimmigkeit fällt uns hier ganz besonders auf und dann werden die Bilder langweilig.

Die Abbildungen 40, 41 und 42 wurden vom selben Standort aus aufgenommen. Sie zeigen alle einen vergleichbaren Raumeindruck, weil die Größenverhältnisse der aufgenommenen Objekte gleich bleiben. Lediglich ihr Abbildungsmaßstab verändert sich. Die Abbildungen 43, 44 und 45 entstanden mit denselben Brennweiten, aber bei ihnen wurde der Aufnahmeabstand so angepasst, daß das Vordergrundobjekt in der jeweils gleichen Größe erscheint. Damit verändern sich die Größenverhältnisse zwischen Vordergrund und Hintergrund und es entsteht ein anderer Raumeindruck.

Faktoren der Raumabbildung
Blickwinkel

Abb. 40: f=24 mm Abstand gleich

Abb. 43: f=24 mm Abstand angepasst

Abb. 41: f=50 mm Abstand gleich

Abb. 44: f=50 mm Abstand angepasst

Abb. 42: f=105 mm Abstand gleich

Abb. 45: f=105 mm Abstand angepasst

Die photographische Abbildung des Raums

Blickrichtung

Die Blickrichtung der Kamera bestimmt von dem in gegebener Entfernung und Winkel zum Motiv gelegenen Aufnahmestandpunkt aus über die Lage des Fluchtpunkts der horizontalen- und vertikalen Parallelen. Richten wir die Kamera nach oben (**Froschperspektive**), liegt er über dem abgebildeten Gegenstand. Richten wir sie nach unten (**Vogelperspektive**), liegt er unter ihm und richten wir sie zwischen diesen beiden Extremen schlicht im 90°-Winkel nach vorn (**Augenperspektive**), liegt er auf dem Horizont.

Der Blick **von oben nach unten**, auch als **Vogelperspektive** bekannt (Abb. 46), verschiebt den Bildhorizont nach oben und schließt ihn unter Umständen sogar ganz aus. In der Landschaftsphotographie ist davon natürlich der Himmel ganz besonders betroffen. Bleibt die Aufnahmeentfernung gleich, werden sich beim Einsatz der Vogelperspektive Objekte im Vordergrund im Hinblick auf ihre Abbildungsgröße nur wenig von solchen im Hintergrund unterscheiden und deswegen auch weniger beherrschend wirken. Mit „beherrschend" ist ein weiteres Stichwort gefallen, denn auch in psychologischer Hinsicht besitzt der Blick von oben nach unten eine nicht zu unterschätzende Auswirkung, weil er durch das Herabschauen eine Machtposition des Betrachters impliziert. Darüber hinaus befördert die Vogelperspektive die Ausdehnung von horizontalen Motivflächen im Bild, wohingegen vertikale Flächen kleiner, weil diagonaler, abgebildet werden.

Die **Froschperspektive** (Abb. 47), der Blick **von unten nach oben**, betont umgekehrt die vertikale Ausdehnung aller Motivelemente und damit ihre Bedeutung. Je nach dem wie stark man die Kamera nach oben neigt, können diese Objekte als hoch, überragend oder gar erdrückend abgebildet werden.

Je stärker wir die Blickrichtung in der Vogelperspektive und der Froschperspektive neigen, umso weiter nach oben oder unten verschieben wir den Fluchtpunkt und umso steiler müssen die Fluchtlinien verlaufen, um sich in ihm zu treffen. Diese Steilheit ist es, die einem Bild zu größerer Dramatik und Spannung verhilft und sie ist in der Regel auch gemeint, wenn jemand von „steiler" oder „flacher Perspektive" spricht.

Zwischen diesen beiden Extremen liegt unser der **Augenperspektive** zugeordneter normaler Seheindruck (Abb. 48). Sie teilt das Bild in zwei meist symmetrische Hälften und läßt alle Fluchtlinien auf ein Perspektivitätszentrum zulaufen, welches auf der

Faktoren der Raumabbildung
Blickrichtung

Abb. 46: Vogelperspektive am
Hoover Damm bei Las Vegas

Abb. 48: Augenperspektive, Chinatown San Francisco

Abb. 49: Verdeckung 1, Ballys Hotel Las Vegas

Abb. 47: Froschperspektive an der
Golden Gate Bridge, San Francisco

Abb. 50: Verdeckung 2, Monument Valley NTP

Die photographische Abbildung des Raums

Augenhöhe des Betrachters liegt. Daraus folgt gemäß den bekannten Regeln, daß die Bildelemente umso kleiner abgebildet werden, je weiter sie entfernt sind. Ihr Einsatz befördert keine besondere dynamische Bildwirkung und eignet sich daher für Motive, die jene Dynamik schon von allein in sich tragen.

Aus den **monokularen Tiefenkriterien** leiten sich weitere wertvolle Regeln für die photographische Bildgestaltung ab, weil auch die Kamera nur „mit einem Auge sieht". Diese Abbildungsfaktoren sind eine große Hilfe, um die Raumwirkung des Bildes zu gestalten.

Verdeckung

Um das Kriterium der Verdeckung zur bildmäßigen Steigerung der Tiefenwirkung zu nutzen, sollten nahe Motivteile so platziert werden, daß sie die weiter hinten gelegenen deutlich nachvollziehbar überlappen. Je deutlicher dies im Bild nachvollziehbar ist, desto stärker ist unser Tiefeneindruck. Meist genügen ein paar Schritte zur Seite, um von diesem Tiefenkriterium zu profitieren. Umgekehrt kann das bewußte Vermeiden von Überlappung unsere Aufmerksamkeit gezielt auf einen Punkt richten und damit einen ebenso starken visuellen Reiz ausüben.

Relative Größe

Bei der relativen Größe (Abb. 51) geht es darum, daß uns gleich große Objekte, die unterschiedlich groß abgebildet werden unterschiedlich weit entfernt erscheinen. Wenn Sie also Gegenstände, auf die das zutrifft, mit in die Komposition einbauen, verstärken Sie damit den Eindruck der räumlichen Tiefe. Bei Landschaftsaufnahmen sind Bäume dazu geradezu prädestiniert. Die Verwendung eines den Vordergrund vergrößernden Weitwinkelobjektivs verstärkt diese Wirkung noch, während sie von einer langen Brennweite abgeschwächt wird.

Schattenwurf

Der Schattenwurf (Abb. 52) ist ein sicheres Indiz für das Vorhandensein von Dreidimensionalität, Körperlichkeit und räumlicher Tiefe, denn wie wir instinktiv wissen, ist es nicht möglich einen Schatten zu erzeugen, ohne ein entsprechendes Objekt zwischen die Lichtquelle und die beleuchtete Oberfläche zu bringen. Gleichmäßige, diffuse Beleuchtung erweckt in uns dagegen die Vorstellung von Zweidimensionalität. Je mehr Schatten, desto eindrucksvoller die Tiefenwirkung. Davon können wir uns in jeder Gegenlichtaufnahme überzeugen, und deshalb gilt in diesem Zusammenhang ausnahmsweise der Satz „viel hilft viel". Schattenwurf entsteht in der Natur nur bei niedrig stehender Sonnen und deswegen tun wir gut daran Landschaftsaufnahmen für den Morgen oder Vormittag beziehungsweise Nachmittag oder Abend zu planen.

Atmosphärische Perspektive

Die atmosphärische Perspektive oder auch Luftperspektive (Abb. 53 & 54) befördert unser Wahrnehmung von Entfernung und Tiefe, da die Streuung des Lichts an den Unreinheiten der Atmosphäre entfernte Objekte heller, unschärfer, kontrastloser und in ihrer Farbe nach Blau hin verschoben erscheinen läßt. Aus diesen Voraussetzungen läßt sich eine ganze Kette von praktischen Hinweisen zur Steigerung des Tiefeneffekts in der Photographie ableiten, die man folgendermaßen zusammenfassen kann: Soll der Tiefeneindruck verstärkt werden, müssen wir die Effekte der Luftperspektive nachahmen. Soll ein entferntes Objekt dagegen allein abgebildet werden, müssen wir sie vermeiden.

Nachahmen bedeutet, uns an die durch die Luftperspektive vorgegebene Abfolge von hell und dunkel zu halten. Grundsätzlich erzeugt zwar jeder Hell-Dunkel-Kontrast ein Gefühl von Tiefe, aber deren Wirkung hängt von der Verteilung der Helligkeitswerte ab. Ist diese, beispielsweise bei der Beleuchtung von der Seite, gleichmäßig, so besitzen die Objekte zwar eine gewisse Körperlichkeit, aber ein echter räumlicher Eindruck wird sich nur schwer einstellen. Ist die Verteilung ungleichmäßig mit einem hellen Vordergrund und einem dunklen Hintergrund, wie es durch den Lichtabfall von vorn nach hinten in der Regel bei Blitzaufnahmen der Fall ist, entstehen geradezu unnatürlich flach wirkende Bilder. Nur mit der an der Luftperspektive orientierten Verteilung der Helligkeitswerte, die entfernte Objekte hell und nahegelegene dunkel erscheinen läßt, können wir Bilder schaffen, die einen glaubhaften Eindruck der räumlichen Tiefe vermitteln. Am einfachsten ist dieser Forderung mit Gegenlichtsituationen nachzukommen. Die mit ihr einhergehende Beleuchtung von der Rückseite sorgt dafür, daß die der Kamera zugewandten nahen Objektseiten dunkel und ihre abgewandten entfernteren hell sind.

Leider sind nicht alle Objekte geeignete Gegenlichtmotive und deshalb müssen wir an der einen oder anderen Stelle in die Trickkiste greifen, um Aufnahmen mit echter Tiefenwirkung zu gestalten. Einer weiten und häufig leicht dunstigen Landschaft können wir da mit ein paar dunklen Vordergrundobjekten, wie Felsen, Bäumen,

Die photographische Abbildung des Raums

oder spannenden Silhouetten auf die Sprünge helfen (ihre optimale Farbe erläutert der nächste Abschnitt). Um diesen positiven Hell-Dunkel-Kontrast noch etwas zu steigern, können Sie die Belichtung ruhig an den entfernten hellen Landschaftsteilen orientieren und den Vordergrund damit ein wenig „absaufen" lassen. Innenaufnahmen sollten ebenfalls so arrangiert werden, daß das durch die Fenster einfallende Tageslicht nicht direkt auf die nah an der Kamera stehenden Gegenstände der Raumausstattung, sondern vor allem auf die weiter von ihr entfernten fällt. Abend- und Nachtaufnahmen in urbanen Gegenden mit naturgemäß hohem Kunstlichtanteil gelingen gut bei dünnem Nebel oder Dunst. Ihr Vorhandensein ahmt die Luftperspektive schon bei kurzen und mittleren Entfernungen nach und sorgt für eine nachvollziehbare Trennung der unterschiedlich weit voneinander entfernten Gebäude, Fahrzeuge und Fußgänger. Darüber hinaus sorgen sie dafür, daß das Licht der Laternen und Leuchtreklamen die Luft selbst quasi zum Leuchten bringt. Fehlen diese Elemente in Gegenden mit klarer, trockener Luft, erscheinen die Zwischenräume gleichmäßig schwarz und die räumliche Trennung fehlt.

Bei Aufnahmen weit entfernter Objekte und Landschaften mit dem Tele- oder Fernobjektiv ist die Andeutung von Tiefe umgekehrt nicht notwendig, da die Motive formatfüllend im Bild erscheinen. Hier geht es darum die Luftperspektive weitgehend auszuschalten. Auf der technischen Seite können wir dem „Verblauen" der entfernten Objekte mit einem KR 1,5 oder KR 3 Farbkorrekturfilter entgegenwirken und ihre nachlassende Schärfe mit UV- und Polarisationsfilter bekämpfen. Jedoch ist es nicht möglich die Wirkung der atmosphärischen Perspektive ganz auszuschalten und die durch sie beeinträchtigten Farben der Objekte wiederherzustellen. Da können wir uns entweder fügen, und das kühle Blau durch wärmere Rot- und Gelbtöne in einem mit einzubeziehenden Vordergrund betonen oder auf einen wirklich klaren Tag warten: Stürme und kräftige Regenschauer befreien die Atmosphäre von den maßgeblich für die Streuung verantwortlichen Unreinheiten und sorgen für ungetrübte Fernsicht.

Farbperspektive

Wie wir weiter oben gesehen haben, sind auch Farbwerte aufgrund einer physiologischen Besonderheit ein guter Indikator für Tiefe (Abb. 55 & 56). Dieser Anhaltspunkt wird als Farbperspektive bezeichnet und besagt, daß wir die gelb-roten, eher warmen Far-

Faktoren der Raumabbildung
Farbperspektive, Schärfe/Unschärfe

ben als heller und damit hervortretend wahrnehmen, die kälteren grün-blauen Töne dagegen als dunkler und zurückgesetzt. Um die Farbperspektive optimal umzusetzen, sollten im Vordergrund warme Farben (gelb, orange, rot, braun) dominieren, der Bereich mittlerer Entfernung von Grüntönen bestimmt sein und im Hintergrund der Aufnahme Blautöne vorherrschen. An dieser letzten Position arbeitet auch der mit der atmosphärischen Perspektive einhergehende Blaustich sehr gut. Wird dieser Aspekt zumindest als Kontrast zwischen warmen und kalten Farben im Vordergrund bzw. Hintergrund mit in die Bildgestaltung einbezogen, belebt dies die Aufnahme nicht nur auf für uns angenehme Art, sondern steigert auch den Eindruck der räumlichen Tiefe im Bild nachhaltig.

Schärfe/Unschärfe

Das Kriterium der Fokussierung bzw. selektiven Schärfe (Abb. 57) nutzt den Umstand, daß für uns auch der Unterschied zwischen scharf und unscharf abgebildeten Objekten eine Rolle bei der Konstruktion räumlicher Tiefe spielt. Photographisch können wir dies nutzen, indem wir selektiv auf ein Hauptmotiv scharfstellen und den Hintergrund unscharf verschwimmen lassen. Ein Objektiv mit großer Anfangsöffnung und daraus resultierender geringer Tiefenschärfe erleichtert dieses Fokussieren „auf den Punkt", indem es alles vor und hinter der Hauptschärfeebene unscharf verschwimmen läßt. Je länger die verwendete Brennweite, je größer die gewählte Blende und je kürzer der Aufnahmeabstand ist, umso größer wird der Unterschied zwischen scharf und unscharf im Bild ausfallen und umso eindrucksvoller wird der Tiefeneindruck. Durch die überlegte Abstimmung dieser Faktoren können Sie die Tiefenschärfe genau regeln und den Raum gemäß Ihrer Vorstellung tiefer oder flacher erscheinen lassen. Dies ist besonders wichtig, wenn Sie es mit Objekten zu tun haben, die zwar unterschiedlich weit entfernt, einander in der Farbe aber ähnlich sind. In solchen Fällen ist die Nutzung der **selektiven Schärfe** ein überaus praktisches Mittel, um eine nachvollziehbare räumliche Trennung der Motivteile sicher zu stellen. Aufgrund der Farbumsetzung in einander ähnelnde Graustufen wird dies Mittel in der SW-Photographie häufig eingesetzt. Zur Beurteilung der Schärfezone ist die Abblendtaste eine große Hilfe. Noch weiter befördert wird der Effekt, wenn das Motiv möglichst schmale Übergangszonen zwischen scharf und unscharf aufweist und so möglichst vom Hintergrund getrennt wird. Im Gegensatz zu einem

Die photographische Abbildung des Raums

durchgängig scharfen Bild wird damit die weitaus stärkste Tiefenwirkung erzielt.

Weil Schärfe und Unschärfe für uns auch ein Maßstab für Wichtigkeit und Unwichtigkeit sind, kann die selektive Schärfe auch über die Steigerung der Tiefenwirkung hinaus dazu genutzt werden, die Aufmerksamkeit des Bildbetrachters zu steuern. Mit der gezielten Platzierung der Schärfeebene können wir unser Hauptmotiv von einem möglicherweise ablenkenden Hintergrund befreien (es vor ihm freistellen) und damit seine Wichtigkeit betonen.

Ebenen

Die Gestaltung des Raumes mit Ebenen ist eine Möglichkeit, die nicht unmittelbar zu den aus den monokularen Tiefenkriterien abgeleiteten Abbildungsfaktoren zählt. Bildebenen sind Schichten, die klar voneinander abgegrenzte Entfernungsbereiche darstellen. Ihre simpelste Aufteilung unterteilt das Bild in einen Bereich vor dem Hauptmotiv, den Bereich um das Hauptmotiv und einen Bereich hinter dem Hauptmotiv. Analog können wir dies auch als Vordergrund, Mittelgrund und Hintergrund beschreiben. Nun weist natürlich jedes Bild irgendwie diese Aufteilung auf, aber damit die Bildebenen die richtige Wirkung entfachen, müssen sie sich deutlich voneinander trennen, um vom Betrachter klar erkannt zu werden. Um dies zu gewährleisten, haben wir folgende Möglichkeiten.

Wir können das Motiv mit einer Art Rahmen versehen (Abb. 58). Besonders geeignet sind dazu Vordergrundobjekte, wie Bäume, markante Äste, Torbögen oder Fensterdurchblicke. Achten Sie aber auf den Belichtungsumfang, denn bei Gegenlichtsituationen kann der Schattenbereich das zulässige Maß schnell sprengen.

Wir können mit selektiver Schärfe arbeiten und die drei Bildebenen durch die Abfolge unscharf, scharf, unscharf (oder umgekehrt) voneinander trennen (Abb. 59). Beim Einsatz eines Weitwinkelobjektivs muss man aufgrund der brennweiteneigenen großen Tiefenschärfe natürlich sehr dicht am Vordergrund sein, um ihn unscharf zu bekommen. Ebenfalls zu beachten ist die allgemeine Bildstimmung, auf die Schärfe und Unschärfe ebenfalls starken Einfluss ausüben. Durchgehende Schärfe beförder eher Kälte und eine negative abweisende Stimmung, während Unschärfe zur Idealisierung und Romantisierung tendiert und dem Bild eine liebliche Stimmung verleiht.

Wir können mit den Farben und Strukturen des Motivs arbeiten und die Ebenen, von denen jede übrigens rund $1/3$ der Bildhöhe ausfüllen sollte,

Faktoren der Raumabbildung
Ebenen

Abb. 51: Relative Größe, Kings Canyon NP

Abb. 54: Geringe Tiefenwirkung durch vermiedenen atmosphärische Perspektive, Las Vegas

Abb. 52: Schattenwurf am Grand Canyon Südrand

Abb. 55: Gute Farbperspektive im Red Rock Canyon NCA nahe Las Vegas

Abb. 53: Atmosphärische Perspektive befördert die Tiefenwirkung am Grand Canyon

Abb. 56: Schwache Farbperspektive am Manley Beacon im Death Valley NP

Die photographische Abbildung des Raums

mit jeweils visuell entgegengesetzten Tönen und Mustern füllen (Abb. 60). Das können eine markante Struktur, ein besonderer Lichteffekt (viel Licht, viel Schatten), eine Person oder auch entgegengesetzte Helligkeiten sein. Es geht jede Kombination, die sich auf den ersten Blick gut voneinander abhebt, und das Hauptmotiv kann in jeder beliebigen Ebene liegen. Dies kommt dann gleichzeitig der Forderung nach einem eigenen Aufmerksamkeitsreiz in jeder Ebene nach.

Bedenken Sie aber, daß die Schaffung von wirksamen Bildebenen beim Einsatz von starken oder extremen Weitwinkelobjektiven schwierig sein kann. Vordergrundobjekte erscheinen aufgrund der starken perspektivischen Verzerrung bei kurzen Aufnahmeabständen schnell verzerrt. Der Mittelgrund wird häufig unter dem kleinen Abbildungsmaßstab leiden und unkenntlich klein erscheinen.

Maßstab

Aber selbst wenn Sie so viele dieser Tiefenkriterien wie möglich in Ihre Komposition einbauen, kann es sein, daß dem Bild etwas entscheidendes fehlt, um das Gefühl für den Raum zu transportieren. Oft genug ist dies ein Maßstab für die Größenverhältnisse, der es erlaubt die Ausmaße realistisch zu erfassen. Denn Größe ist eine Eigenschaft die, außer die Aufnahme entsteht im Maßstab 1:1, genausowenig direkt im Bild wiedergegeben werden kann wie die räumliche Tiefe. Meist können wir sie nur durch eben eine Vergleichsmöglichkeit symbolisch andeuten. Indem etwa ein Objekt von unbekannter Größe zusammen mit einem Objekt von gewohnter Größe aufgenommen wird, gelingt es meist die Tiefenwirkung des Bildes zu steigern und eine unaufdringliche Vergleichsmöglichkeit zu schaffen.

Stellen wir etwas ein Haus in den Vordergrund einer Aufnahme eines entfernten Berges, so wissen wir, daß das Haus in Wirklichkeit viel kleiner ist als der Berg und zwischen beiden eine entsprechende räumliche Entfernung liegen muss. Darüber hinaus haben wir der Aufnahme einen verlässlichen Größenmaßstab mitgegeben. Andere Variante: Die Höhe eines in Kalifornien beheimateten Mammutbaumes kann durch die Gegenüberstellung mit einer kleineren und vertrauten Douglas Tanne betont werden, die gleichzeitig auch seine enormen Maße nachvollziehbar macht. Andere von jedem Betrachter gut einzuordnende maßgebende Dinge können ein Auto, ein Pferd, Bäume und Sträucher oder die menschliche Gestalt sein. Was so oft für die Vertikale genutzt wird, kann analog auch auf die Horizontale übertragen wer-

Faktoren der Raumabbildung
Maßstab

Abb. 57: Selektive Schärfe

Abb. 59: Ebenen 2, Grand Canyon

Abb. 58: Ebenen 1, Zion Canyon

Abb. 60: Ebenen 3 Capitol Reef NP

Abb. 61: Maßstab Grand C a n y o n Nordrand

Die photographische Abbildung des Raums

den, wie die Abb. 60 zeigt. – Eine weite Landschaft wie der Grand Canyon wird eben erst mit einem für uns nachvollziehbaren Maßstab fassbar.

Aber wir müssen darauf achten, daß der Maßstab klein genug ist, um das mit ihm verglichene groß erscheinen zu lassen. Stellen Sie sich vor der Mensch in Abb. 61 würde sich näher an der Kamera befinden und größer abgebildet werden. Hätte das eine gesteigerte Tiefen- und Größenwirkung der Landschaft zur Folge? Wohl kaum, denn gerade dadurch, daß er so verloren wirkt, entsteht der Eindruck von unendlicher Weite. Über die Steuerung der Größe des zum Vergleich dienenden Objekts können wir also direkten Einfluß auf den Raumeindruck unseres Bildes nehmen.

Kontrolle und Korrektur der Zentralperspektive

In der kreativen Photographie können wir die gemäß der Zentralperspektive durch die Neigung der Blickrichtung verursachten konvergierenden Parallelen und die verzerrte Wiedergabe der rechten Winkel zur aktiven Gestaltung des Raumeindrucks nutzen. In der Architektur- und Sachphotographie aber fallen sie uns aufgrund unseres Wissens um die Natur der Dinge sofort ins Auge und werden in der Regel nicht akzeptiert. In solchen Situationen steht der Photograph unter dem Druck, die Aufnahmeebene streng rechtwinklig zum Motiv zu halten, um die Horizontalen und Vertikalen parallel und damit glaubhaft abzubilden. Verläßt er die Position, die diese Voraussetzung erfüllt, beginnen die parallelen Geraden in Fluchtpunkten zu konvergieren.

Mit verstellbaren Objektiv- und Bildstandarten und Objektiven, deren Bildkreis um einiges größer als das Aufnahmeformat ist, bieten die auf optischer Bank montierten Fachkameras (Abb. 62) gegenüber den im Kleinbild- und Mittelformat vorzugsweise anzutreffenden starren Konstruktionen den Vorteil, sowohl die Perspektive als auch die genaue Ausdehnung der Tiefenschärfe steuern und die parallelen Linien im Bild von jedem Standort aus parallel wiedergeben zu können. Jede Standarte kann in vier Richtungen, nach oben, unten, rechts und links, verschoben beziehungsweise verschwenkt werden. Die vordere Objektivstandarte regelt die Lage des vom Objektiv erzeugten Bildkreises sowie die Gesamtschärfe und die Lage der Schärfeebene. Die hintere Bildstandarte kann ebenfalls dazu verwendet werden die Tiefenschärfe auszudehnen, regelt aber in der Hauptsache die Lage des Formats innerhalb des Bildkreises und bestimmt über diese

Faktoren der Raumabbildung
Kontrolle und Korrektur der Zentralperspektive

Positionierung der Abbildungsebene gegenüber der Gegenstandsebene die Perspektive. Stehen Abbildungs- und Gegenstandsebene parallel zueinander, wird das Motiv winkelgetreu und damit unverzerrt abgebildet. Je mehr beide voneinander abweichen, umso ausgeprägter treten die Fluchtlinien hervor. Wir sagen auch „die Abbildung gewinnt an Perspektive". Nur eine Verschwenkung der Standarten, nicht aber eine Parallelverschiebung derselben, verändert demzufolge den Winkel zwischen Abbildungs- und Gegenstandsebene und beeinflußt Perspektive und Fluchtlinien. Damit hat der Photograph die Möglichkeit die Geraden parallel zu stellen, ohne Rücksicht auf den Standort oder den Blickwinkel nehmen zu müssen und obwohl die Kamera nicht im rechten Winkel zu ihnen steht und er kann die Fluchtlinien nach Wunsch verringern oder verstärken.

Das Paradebeispiel für diese Verstellmöglichkeiten ist die Aufnahme eines hohen Gebäudes bei exakt rechtwinklig dazu ausgerichteter Kamera (Abb. 63). Häufig genügt der Aufnahmewinkel des Objektivs nicht, um das Bauwerk unter dieser Voraussetzung aus kurzer Entfernung ganz abzubilden, was uns oft genug dazu verleitet die Kamera nach oben zu kippen. Damit verlassen wir aber die verzer-

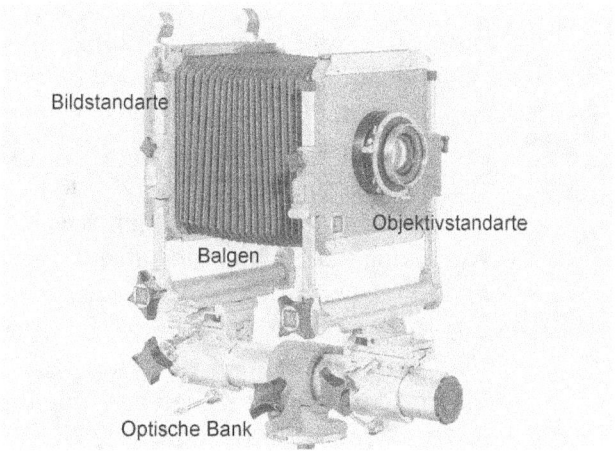

Abb. 62: Die Fachkamera auf optischer Bank

rungsfreie Position und werden gemäß der Zentralperspektive mit konvergierenden Senkrechten belohnt – das Gebäude scheint sich auf dem Bild nach hinten zu neigen, was seine Höhe stark betont. Nehmen wir dasselbe Gebäude von oben, von einem höher gelegenen Standort auf und neigen die Kamera nach unten, tritt derselbe Effekt in negativer Form auf und die Außenkanten laufen nach unten hin zusammen. Mit den Verstellmöglichkeiten einer Fachkamera oder einem Shiftobjektiv ausgestattet können wir die Wiedergabe der Fluchtlinien und der Höhe genau kontrollieren. Dazu richten wir die Bildstandarte (im Kleinbildbereich die ganze Kamera) zunächst in vertikaler Richtung parallel zum Motiv aus und verschieben die Objektivstandarte (das Shiftobjektiv im Kleinbildbereich) nach

Die photographische Abbildung des Raums

oben beziehungsweise nach unten, bis das Gebäude ganz auf der Mattscheibe abgebildet wird. Um das Bild noch realistischer erscheinen zu lassen, gilt die Faustregel, daß die stürzenden Linien nicht völlig ausgeglichen werden, wenn der Beobachter den Kopf mehr als 20° heben oder senken muss, um das Motiv ganz zu überblicken. Bei einem besonders hohen Gebäude provozieren wir die Fluchtlinien also wieder, indem wir die Bildstandarte leicht zurück kippen. Das so entstandene Bild ist dann zwar nicht mehr völlig wirklichkeitsgetreu, schmeichelt dafür aber unserer visuellen Wahrnehmung.

Auf die Horizontale übertragen bedeutet dies, daß wir die Bildstandarte zunächst in horizontaler Richtung parallel zum Motiv ausrichten und die Objektivstandarte dann seitlich so weit verschieben, bis der gewünschte Ausschnitt auf der Mattscheibe sichtbar wird. Durch die Kombination der vertikalen und horizontalen Verstellung ist es beispielsweise möglich, ein Motiv mit perspektivisch korrekter Frontal- und Seitenansicht abzubilden.

Im Bereich der Kleinbild- oder Mittelformatkameras ermöglichen die sogenannten **Shiftobjektive** eine ähnliche, wenn auch weit weniger ausgeprägte, Verstellung. Dies sind speziell adaptierte Optiken, deren Bildkreis ein größeres Format auszeichnet und die aufgrund dessen über eine Mechanik parallel zur Aufnahmeebene verschoben werden können. Für alle Photographen, deren Aufnahmesystem keine eigene Shiftoptik bereit hält, ist der *Panorama-Shift-Adapter* der Firma *Zörkendörfer* das Mittel der Wahl. Mit ihm werden Objektive verschiedener Mittelformatsysteme so an eine große Zahl unterschiedlicher Kleinbildkameras angepasst, daß sich ein weiter Verstellweg von ± 20 mm und die Möglichkeit zur 360° Verdrehung ergeben. Der verwandte *Pro-Shift-Adapter* leistet dies für Mittelformatkameras und jene KB-SLRs, bei denen ein weit vorstehender Sucher den Verstellweg behindert. Eine Spezialausführung des Adapters mit Stativgewinde am Objektivbajonett ermöglicht eine Verdoppelung der Sensorgröße einer digitalen Spiegelreflexkamera. Bei feststehendem Objektiv wird die Kamera hier für zwei aneinander grenzende Belichtungen innerhalb des Motivs verschoben. Die spätere Montage beider Aufnahmen am PC

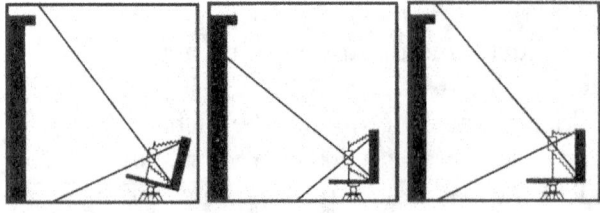

Abb. 63: Perspektiv-Korrektur

sorgt dann für die Verdoppelung der Bildauflösung.

Die Aufnahmepraxis unter Ausnutzung der Shiftmöglichkeit ist bei systemeigenen- und mit dem *Panorama-Shift-Adapter* angeschlossenen Objektiven dieselbe. Sie positionieren sich vor Ihrem Motiv und stellen die möglichst auf dem Stativ montierte Kamera auf den gewünschten Bildausschnitt ein. Dann shiften Sie das Objektiv, bis der angestrebte Korrektureffekt erreicht ist. Da der Verstellbereich nicht unendlich groß ist, kann es sein, daß Sie die Neigung und den Ausschnitt korrigieren müssen, um die Parallelität zwischen Objektebene und Aufnahmeebene hinzubekommen. Ist sie gewährleistet, merken Sie sich das Maß der Verstellung und stellen den Shift zurück auf null. Dann nehmen Sie die endgültige Entfernungseinstellung und die manuelle Belichtungsmessung vor. Hierbei ist zu beachten, daß Sie in der Regel keine automatische Springblende zur Verfügung haben und die Belichtungsermittlung deswegen bei Arbeitsblende, also bei abgeblendetem Objektiv und dementsprechend dunklem Sucherbild, erfolgen muss. Bei jedem normalen Objektiv simulieren Sie diesen Effekt durch einen Druck auf die Abblendtaste. Der Qualität des Suchers kommt aus diesem Grund große Bedeutung zu. Ohnehin sollte er keine

Abb. 64: Kamera nach oben geneigt, Gebäude verzerrt

Abb. 65: Kamera waagerecht, Gebäude unverzerrt (2)

starke Verzeichnung aufweisen, damit der Verlauf der Geraden im Bild einwandfrei nachvollzogen werden kann, und über die Möglichkeit verfügen eine Mattscheibe mit Gitternetz einzusetzen. Zeigt er darüber hinaus noch 98 % bis 100 % des tatsächlichen Bildes

Die photographische Abbildung des Raums

an, sind Sie sehr gut gerüstet. Stimmen alle Einstellungen, Shiften Sie erneut auf den zuvor ermittelten Wert, kontrollieren das Sucherbild ein letztes Mal bei Arbeitsblende und lösen aus.

Mittlerweile bieten auch viele **Bildbearbeitungsprogramme** die dem Naßlabor abgeschaute Möglichkeit an, fertige Bilder perspektivisch zu entzerren und damit die Wirkung der beschriebenen Kameraverstellung im Nachhinein nachzuahmen. In der Dunkelkammer kippte man die Bildebene unter dem Vergrößerer einfach an, bis die Vertikalen parallel verlaufen, am Computer werden die jeweiligen Bildecken zu diesem Zweck gleichmäßig auseinander gezogen.

5 Die Wahrnehmung der Objektgrößen

Inhalt

Bausteine unserer Größenwahrnehmung
   Der Sehwinkel
   Die Verrechnung der Entfernung

Die Wahrnehmung der Objektgrößen

Bausteine der Größenwahrnehmung

Durch kulturelle Prägung sind wir daran gewöhnt, die Größe eines Objekts in Zentimetern oder Metern anzugeben. Erstaunlicherweise ändert sich unsere Wahrnehmung der Objektgröße nur wenig, wenn wir uns innerhalb gewisser Grenzen nähern oder entfernen. Die Größe eines Objekts ist also ein wichtiges Kriterium zur Erfassung der Umwelt, aber unser visueller Apparat leitet uns offensichtlich nicht immer richtig.

Die Objektgröße kann in den meisten Fällen in der Photographie nicht 1:1 wiedergegeben werden, weil die Aufnahme- und Printformate dazu nicht ausreichen. Raumtiefe und Objektgröße haben also etwas gemeinsam: Beide sind das Gefühl für ein Maß, welches wir in der Photographie aus unterschiedlichen Gründen nicht direkt wiedergeben, sondern nur andeuten können oder müssen, um es zu transportieren.

„... as distance determines size, so size determines distance." Rudolf Arnheim

Der Sehwinkel

Nach allem, was wir aus dem ersten Kapitel über die physiologische Bildentstehung wissen, muss unsere Größenwahrnehmung eines Objekts mindestens davon abhängen, wie viel Raum sein Abbild auf der Netzhaut einnimmt. Dies Netzhautbild wird von der wirklichen Objektgröße und -entfernung bestimmt aus denen sich der **Sehwinkel** ableitet. Damit ist jener Winkel gemeint, unter dem ein Objekt aufgefasst wird.

Zu Ende gedacht besagt dieser Zusammenhang, daß zwei gleich große Objekte in unterschiedlicher Entfernung zum Betrachter unterschiedliche Sehwinkel (und unterschiedlich große Netzhautbilder), zwei verschieden

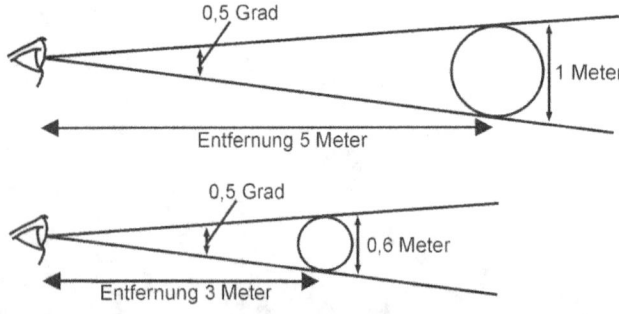

Abb. 66: Sehwinkel
Die beiden versch. großen Objekte erscheinen dem Betrachter gleich groß, weil er sie aufgrund der unterschiedlichen Entfernung unter demselben Sehwinkel auffasst.

Bausteine der Größenwahrnehmung
Sehwinkel, Verrechnung der Entfernung

große Objekte in der jeweils richtigen Entfernung aber auch denselben Sehwinkel (und gleichgroße Netzhautbilder) aufweisen können. Das dies zutrifft können wir bei jeder Sonnenfinsternis überprüfen. Bei dieser Gelegenheit bedeckt der kleine Mond (3 476 km Durchmesser und durchschnittlich 384405 km von der Erde entfernt) die riesige Sonne (1,392 Millionen km Durchmesser und durchschnittlich 146 Millionen km von der Erde entfernt) beinahe vollständig, weil wir beide unter demselben Sehwinkel auffassen. Darüber hinaus müsste sich unsere Größenwahrnehmung eines Objekts entsprechend unserer Entfernung zu ihm verändern. Erstaunlicher Weise ist dies nicht so, wie Sie sicher aus der Alltagserfahrung wissen und leicht in einem kleinen Versuch nachvollziehen können. Nehmen Sie ein Blatt Papier (DIN A4 oder DIN A3) zur Hand und befestigen Sie es an einer Wand oder, wenn Sie einen längeren Flur haben, an der Wohnungstür. Dann schauen Sie das Blatt einmal aus einem Meter Entfernung und einmal aus fünf Meter Entfernung an. Durch den veränderten Betrachtungsabstand nehmen Sie das Objekt zwar unter deutlich verschiedenen Sehwinkeln wahr, aber dennoch erscheint es Ihnen in beiden Fällen in ungefähr derselben Größe.

Das am Sehwinkel orientierte Netzhautbild gibt uns demzufolge zwar Aufschluss über die relativen Größenverhältnisse der Objekte untereinander, aber um auf die annähernd wahre Größe der Dinge zu schließen müssen wir mehr als das berücksichtigen. Und tatsächlich ziehen wir dazu auch die **Tiefen- und Entfernungswahrnehmung** zu Rate, wie wir in verschiedenen Versuchen nachweisen können.

Die Verrechnung der Entfernung

Ein gutes Beispiel für die Wichtigkeit der Entfernungswahrnehmung für die Größenkonstruktion sind **Nachbilder**. Sie entstehen, wenn die Photorezeptoren der Netzhaut durch einen hellen Lichtreiz „ermüden" und man für kurze Zeit eine Art Negativ dieses Reizes zu sehen meint. Demzufolge können Sie selbst leicht ein Nachbild erzeugen und die folgende Beschreibung nachvollziehen. Versehen Sie ein schwarzes Stück Karton mit einem kleinen Loch, durch das Sie dann den hellen Fleck einer Lichtquelle für kurze Zeit fixieren. Gleich anschließend richten Sie den Blick auf verschieden weit von Ihnen entfernte Flächen (ein Blatt Papier auf Armeslänge vor dem Gesicht, die Wand des Zimmers oder die Oberfläche Ihres Schreibtisches, etc.). Sie werden ein Nachbild des hellen Loches wahrnehmen, dessen

Die Wahrnehmung der Objektgrößen

Größe mit der Entfernung der Fläche variiert. Auf dem Papier wird es kleiner erscheinen als auf der entfernteren Zimmerwand.

Emil Emmert experimentierte schon 1881 mit Nachbildern und erkannte als erster den Zusammenhang zwischen der Größe des Nachbildes und der wahrgenommenen Entfernung. Nach ihm ist diese Berücksichtigung der Entfernung als **Emmertsches Gesetz** bekannt geworden. Es besagt, daß die wahrgenommene Größe eines Gegenstands G proportional zum Produkt aus Entfernung e und Sehwinkel w ist:

$$G \propto w * e$$

Daß dieser Zusammenhang stimmt, können wir anhand verschiedener Versuche und Zusammenhänge nachweisen. In der Versuchsanordnung nach Holway und Boring sitzen Probanden an der Kreuzung zweier Flure (Holway, Boring 1941). Ihnen wird in einem Flur eine Testkreisscheibe in Abständen zwischen drei und 36 Metern und im anderen Flur eine Vergleichskreisscheibe in der festen Entfernung von drei Metern dargeboten (Abb. 67). Die Versuchspersonen sollen die Größe der Vergleichsscheibe nach jeder Entfernungsänderung der Testscheibe an diese anpassen. Entscheidend dabei ist, daß die Testkreisscheibe mit zunehmender Entfernung vergrößert wird, um sicherzustellen, daß sie immer unter dem Sehwinkel von einem Grad aufgefasst wird. In der Summe der Versuche zeigt sich, daß die Probanden die Größe der Vergleichsscheibe nahezu perfekt an die unterschiedlichen physikalischen Größen der Vergleichsscheiben anpassen. Sehen sie eine große, aber weit entfernte Testscheibe, vergrößern sie die Vergleichsscheibe entsprechend. Umgekehrt verkleinern sie die Vergleichsscheibe, wenn ihnen eine kleine Testscheibe in kurzer Entfernung gezeigt wird. Diese an der tatsächlichen physikalischen Größe orientierte Anpassung ist bemerkenswert, weil die Testkreisscheiben ja immer denselben Sehwinkel aufweisen und aus diesem Grund immer gleich große Netzhautbilder erzeugen und untermauert das Emmertsche Gesetz: Das Produkt aus einer variablen Entfernung und einem gleichbleibenden Sehwinkel ist eine variable wahrgenommene Größe. Auch der umgekehrte Fall beweist den Zusammenhang. Nehmen die Psychologen den Beobachtern die Tiefen- und Entfernungskriterien, indem sie ihnen die Testkreisscheibe nur durch eine Lochblende und in einem mit dunklem Stoff gegen die Reflexionen bespannten Flur darbieten, verlieren sie die Fähigkeit zur Größenanpassung

Bausteine unserer Größenwahrnehmung
Verrechnung der Entfernung

und sehen die Testscheiben in immer derselben Größe. Ganz so, wie es das Gesetz des Sehwinkels vorsieht. Und dies entspricht auch ganz dem Emmertschen Gesetz, denn das Produkt aus einem konstanten Sehwinkel und einer unbestimmten Entfernung ist eine gleichbleibende wahrgenommene Größe. Auch **Sonne und Mond** nehmen wir, obwohl sich ihre Größenverhältnisse stark unterscheiden, als gleich groß wahr, da wir sie unter demselben Sehwinkel auffassen und uns der Raum dazwischen keine weiteren Tiefeninformationen liefert.

Auch in der häufig diskutierten **Mondtäuschung** finden wir den Zusammenhang zwischen Größe und wahrgenommener Entfernung wieder. Ist Ihnen auch schon einmal aufgefallen, daß der Mond viel größer erscheint, wenn er gerade über dem Horizont aufgegangen ist als wenn er hoch am Nachthimmel steht, obwohl er in der Nähe des Horizonts 6400 Kilometer weiter von uns entfernt ist als an seinem höchsten Punkt am Himmel? Und haben Sie sich auch schon mal gefragt, wie das sein kann, wo er doch von fester Größe ist und sich auf einer relativ stabilen Bahn (die Abweichung beträgt maximal 13 %) um unsere Erde bewegt? – Zugegeben, die unterschiedlichen Größen, in denen sich der Mond auf dieser leicht elliptischen Bahn um

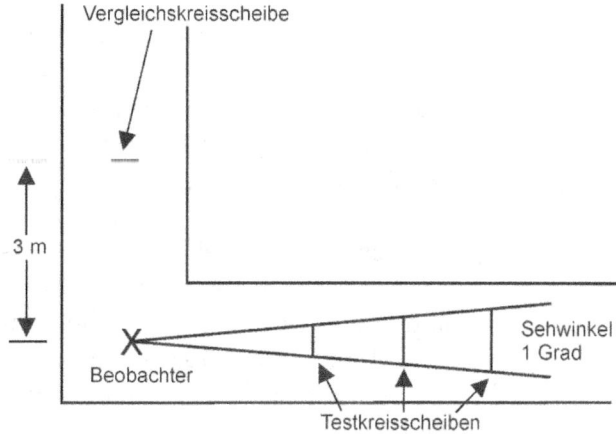

Abb. 67: Versuchsanordnung nach Holway und Boring
Entscheidend ist, daß alle Testkreisscheiben immer unter demselben Sehwinkel erscheinen und ihre Abbildung auf der Netzhaut des Beobachters immer gleich groß ist.

die Erde präsentiert, sind ebenfalls mit dem bloßen Auge wahrzunehmen, aber der zuvor beschriebene Effekt ist ungleich stärker. Darüber hinaus zeigt eine Photoserie des Mondes, aufgenommen mit fixer Brennweite im Abstand von beispielsweise jeweils einer Stunde, unseren Trabanten in immer derselben Größe. Auch hier greift das Emmertsche Gesetz, nur spielt diesmal die scheinbare Entfernung die Hauptrolle. Auf die Frage, welcher Himmelsteil weiter entfernt ist, der Zenit über dem Kopf oder der Horizont, antworten die meisten Menschen nämlich mit *„der Horizont"*. Setzen wir diese große scheinbare Entfernung und den immer gleichbleibenden Sehwinkel des

Die Wahrnehmung der Objektgrößen

im unendlichen liegenden Mondes in die Formel ein, nimmt auch dessen wahrgenommene Größe zu. Dasselbe trifft natürlich auch auf die nah am Horizont und hoch am Himmel stehende Sonne zu. Auch hier können Sie den Beweis für die Relevanz der Entfernung selbst erbringen: Betrachten Sie den knapp über dem Horizont stehenden Mond einmal durch eine Lochblende. Auf diesem Wege schalten Sie die Tiefen- und Entfernungsinformationen aus und La Luna schrumpft auf dieselbe Größe wie im Zenit.

Die **Ponzo-Täuschung** (oder Bahngleis-Täuschung) gehört ebenfalls in diese Kategorie. Die beiden waagerechten Balken in Abb. 68 sind gleich lang und weisen denselben Sehwinkel auf. Trotzdem scheint uns der obere deutlich länger zu sein, denn die konvergierenden Bahngleise simulieren uns räumliche Tiefe und deshalb setzen wir bei gleichbleibendem Sehwinkel wieder eine größere Entfernung in die Berechnungsformel ein und erhalten als Produkt eine eigentlich zu große Wahrnehmung.

Abb. 68: Ponzo-Täuschung
Obwohl die beiden weißen Rechtecke exakt gleich lang sind (messen Sie es ruhig nach!) erscheint das obere größer als das untere.

6 Die Abbildung der Objektgrößen in der Photographie

Inhalt

Faktoren der Größenabbildung
   Der Abbildungsmaßstab
     Aufnahmeentfernung und Brennweite
Sonderfall Makroaufnahmen
Größen, wie wir sie sehen
Digitale Größenmaße

Die Abbildung der Objektgrößen in der Photographie

Faktoren der Größenabbildung

In der Photographie haben wir uns daran gewöhnt, das Bildergebnis als verkleinertes und nicht identisch großes Abbild der Wirklichkeit zu betrachten. Wenn wir uns vor der Aufnahme trotzdem Gedanken über die Größenverhältnisse machen, so tun wir dies entweder, weil wir sie mit dem Makrozubehör exakt dokumentieren wollen oder weil wir daran interessiert sind, die Aufmerksamkeit des Bildbetrachters zu lenken. Was auch immer aber unsere Intention ist, technisch gibt uns die Photographie in jedem Fall die Mittel an die Hand die Objektgrößen entweder genauso abzubilden, wie wir sie wahrgenommen haben, oder nach Belieben zu manipulieren. Denn im Gegensatz zu unserer von vielen äußeren und inneren Faktoren beeinflußten Größenwahrnehmung hängt die Abbildungsgröße eines Gegenstands in der Photographie nur von der Brennweite des verwendeten Objektivs und der Aufnahmeentfernung, genauer der Bildweite, ab.

Der Abbildungsmaßstab

Der Abbildungsmaßstab bezeichnet das Verhältnis der Abbildungsgröße eines Objekts zu seiner wirklichen Größe und wird durch den Aufnahmeabstand und die Objektivbrennweite nach dem folgenden Verhältnis bestimmt: Je kürzer der Abstand und/oder je länger die Brennweite, desto größer ist die resultierende Abbildung. Die Objektivbrennweite kann aber nur innerhalb gewisser Grenzen variiert werden, da Weitwinkelobjektive bei zu kurzen Aufnahmeentfernungen gemäß der perspektivischen Verkürzung zu deutlich sichtbaren Verzerrungen führen.

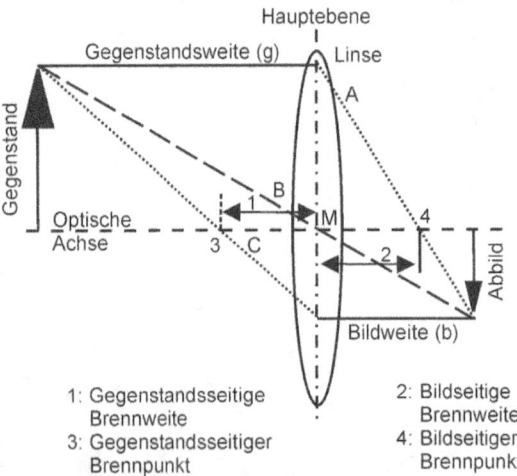

A) Ausgangssituation
Abbildungsmaßstab 1:2

1: Gegenstandsseitige Brennweite
2: Bildseitige Brennweite
3: Gegenstandsseitiger Brennpunkt
4: Bildseitiger Brennpunkt

Abb. 69: Abbildungsmaßstab 1
100 mm Brennweite und 1200 mm Entfernung, siehe Abb. 70 und Berechnung

Faktoren der Größenabbildung
Der Abbildungsmaßstab

Der Abbildungsmaßstab entscheidet darüber, wie wir eine Aufnahme eingruppieren. Makroaufnahmen bilden ein Motiv vergrößert ab. Nah- und Fernaufnahmen bilden ein Motiv verkleinert ab. Gängige Abbildungsmaßstäbe für Nahaufnahmen sind 0,1:1 bis 1:1. Kleinere Maßstäbe als 0,1:1 zählen zu den Fernaufnahmen

Abb. 69 veranschaulicht die Geometrie des Abbildungmaßstabs bei der Bildentstehung. Der **Gegenstand** steht auf der waagrechten **optischen Achse**. Die normalerweise vorhandene **bildseitige und gegenstandsseitige Hauptebene** sind zur Vereinfachung in der senkrechten **Hauptebene** in der Mitte vereinigt. Hauptebenen sind fiktive Ebenen, an denen man sich die parallel zur optischen Achse verlaufenden Strahlen gebrochen denken kann, so daß sie durch den gegenstandsseitigen (Punkt 3 in Abb. 69) bzw. bildseitigen Brennpunkt (Punkt 4 in Abb. 69) verlaufen. Die Strecke zwischen der bildseitigen Hauptebene und dem bildseitigen Brennpunkt definiert dann die Brennweite des Objektivs.

Damit haben wir schon eine der beiden vorkommenden Strahlenarten benannt, solche, die parallel zur optischen Achse verlaufen (**A+C**). Sie werden gebrochen und gehen durch den bildseitigen Brennpunkt. Alle anderen Strahlen (**B**) werden nicht gebrochen und verlaufen durch den optischen Mittelpunkt (**M**), den Schnittpunkt der optischen Achse mit der Hauptebene. Die Bildweite (**b**) ist der Abstand des Abbilds von der **bildseitigen Hauptebene** (hier **Hauptebene**), die Gegenstandsweite (**g**) der Abstand des Gegenstands von der **gegenstandsseitigen Hauptebene** (hier **Hauptebene**). Sie ist nicht mit der am Objektiv eingestellten Entfernung identisch, denn diese gibt den Abstand des Motivs von der Filmebene an.

Die **Maßstabsformel** bereitet diese Zusammenhänge mathematisch auf und gibt uns Aufschluss über den **Abbildungsmaßstab**, der die Größenverhältnisse bestimmt:

$$g = \frac{(E-d)}{2} + \sqrt{\left(\frac{E-d}{2}\right)^2 - f(E-d)}$$

M = Abbildungsmaßstab
B = Abbildungsgröße
G = Gegenstandsgröße
b = Bildweite
g = Gegenstandsweite
f = Brennweite

Die Abbildung der Objektgrößen in der Photographie

Die Gegenstandsweite läßt sich wie folgt aus der Entfernungseinstellung berechnen:

$$M = \frac{B}{G} = \frac{b}{g} = \frac{f}{(g-f)}$$

g = Gegenstandsweite
E = Entfernungseinstellung
d = Hauptebenen-Abstand
f = Brennweite

Die Gegenstandsweite beschreibt den Abstand zwischen dem abzubildenden Gegenstand in einem optischen System und dem abbildenden System aus optischen Linsen oder/und Spiegeln und der bildseitigen Hauptebene entlang der optischen Achse.

Ergebnis der Maßstabsformel ist eine Dezimalzahl, die uns in der Schreibweise als Bruch (Zähler = Abbildung, Nenner = Gegenstand) sagt, um wieviel die Abbildung größer oder kleiner als der Gegenstand ist. Ein Maßstab von 1:1 drückt demzufolge aus, daß Gegenstand und Abbildung gleich groß sind. Ein Maßstab von 1:2 sagt, daß eine Größeneinheit (mm, cm, m, ...) in der Abbildung zwei Größeneinheiten im Original entsprechen und das Abbild halb so groß ist wie die Vorlage. Umgekehrt teilt uns ein Maßstab von 2:1 mit, daß zwei Größeneinheiten in der Abbildung einer Größeneinheit im Gegenstand entsprechen und die Abbildung damit doppelt so groß ist wie dieser

Ohne Sie nerven zu wollen, kann ich Ihnen noch einen anderen Lösungsweg anbieten, der ohne die Gegenstandsweite auskommt. Um ihn zu beschreiben, muss zuerst der Hilfswert p berechnet werden:

Hilfswert $p = e/(2*f) - 1$

Er wird dann in die Formel eingesetzt:

$$M = p \pm \sqrt{(p^2 - 1)}$$

M = Abbildungsmaßstab
p = Hilfswert
e = Aufnahmeentfernung
f = Brennweite

Im Ergebnis erhalten Sie zwei Werte, eine Plus- und eine Minus-Variante. Beide Maßstäbe sind reziprok zueinander und deshalb korrekt. Erklärung: Die Entfernung ist beim Maßstab 1:2 dieselbe wie beim Maßstab 2:1. Nur ist einmal die Gegenstandsweite groß und die Bildweite klein und ein anderes Mal verhält es sich umgekehrt. Die Summe ist aber in beiden Fällen gleich.

Faktoren der Größenabbildung
Der Abbildungsmaßstab

Noch ein wenig einfacher geht es mit der folgenden Näherungsformel:

$$M = \left(\frac{e}{f} - 2\right) - \frac{1}{x}$$

M = Abbildungsmaßstab
e = Aufnahmeentfernung
f = Brennweite

Das heißt vom Ergebnis der Klammer wird sein eigener Kehrwert abgezogen. Solange der Wert mindestens drei ist bleibt der Gesamtfehler der Berechnung vernachlässigbar klein, denn wie wir weiter unten sehen werden sind die Ausgangswerte in der Regel gar nicht genau genug, um eine 100 %ig exakte Berechnung zu zulassen.

Praktische Umsetzung der abstrakten Mathematik gefällig? Sagen wir Sie nehmen ein Objekt, z.B. eine Pinguin-Figur von 8,5 cm Höhe, mit einem 100 mm Objektiv aus 1200 mm Entfernung auf (Abb. 70). In diesem Fall sieht die Berechnung des Abbildungsmaßstabs aus wie in der Formel über Abb. 70.

$$M = \left(\frac{e}{f} - 2\right) - \frac{1}{x}$$
$$M = \left(\frac{1200}{100} - 2\right) - \frac{1}{x}$$
$$M = 10 - \frac{1}{10}$$
$$M = 9{,}9$$

$$M = \left(\frac{e}{f} - 2\right) - \frac{1}{x}$$
$$M = \left(\frac{1200}{200} - 2\right) - \frac{1}{x}$$
$$M = 4 - \frac{1}{4}$$
$$M = 3{,}75$$

Abb. 70: f=100 mm D=1200 mm

Abb. 71: f=200 mm D=1200 mm

Die Abbildung der Objektgrößen in der Photographie

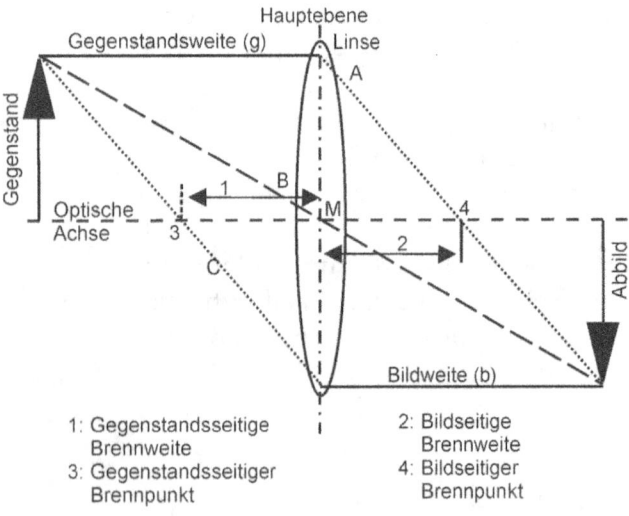

Abb. 72: Abbildungsmaßstab 2
200 mm Brennweite und 1200 mm Entfernung. Siehe Abb. 70 und Berechnung.

Der Pinguin wird also im Maßstab 1:9,9 oder mit einer Höhe von 8,5 cm x 1:9,9 = 0,86 cm abgebildet. Die Geometrie dieses Falls stellt Abb. 69 dar.

Ein zweiter Fall: dieselbe Figur, Aufnahmeentfernung 1200 mm, Brennweite 200 mm (Abb. 71). Die Berechnung findet sich über Abb. 71. Der schwarzweiße Kamerad wird mit 200 mm Brennweite also im Maßstab 1:3,75 oder mit einer Höhe von 8,5 cm x 1:3,75 = 2,26 cm abgebildet. Warum sich die Abbildung bei verlängerter Brennweite vergrößert, zeigt Abb. 72.

Im zweiten Fall haben wir die Brennweite verdoppelt und festgestellt, daß sich der Abbildungsmaßstab vergrößert. Verändern wir bei gleichbleibender Brennweite mit der Entfernung die zweite Variable, stellen wir fest, daß die Halbierung der Aufnahmeentfernung denselben Effekt wie die Verdoppelung der Brennweite hat:

$$M = \frac{e}{f} - 2 - \frac{1}{x}$$

$$M = \frac{600}{100} - 2$$

$$M = 4 - \frac{1}{4}$$

$$M = 3{,}75$$

Die Berechnung führt bei 100 mm Brennweite und einer Aufnahmeentfernung von nur noch 600 mm zu einem Abbildungsmaßstab von 1:3,75 genau wie bei 200 mm Brennweite und 1200 mm Abstand zuvor. Abb. 73 erklärt auch in diesem Fall graphisch, warum sich das Abbild vergrößert. Je größer die Brennweite und/oder je kleiner die Gegenstandsweite, desto größer ist der Abbildungsmaßstab. Dies gilt unabhängig vom Aufnahmeformat. Da ich davon ausgehe, daß ich Sie mit dem berechneten und zeichnerisch hergeleiteten Beweis überzeugt

Faktoren der Größenabbildung
Der Abbildungsmaßstab

habe, verzichte ich hier auf das Beweisphoto.

Um ein Objekt in einem vorausbestimmten Maßstab abzubilden, können wir für jede Brennweite auch die richtige Aufnahmeentfernung berechnen. Die Formel dazu lautet:

$g = (M + 1 / M + 2) * f$

g = Gegenstandsweite
M = Abbildungsmaßstab
f = Brennweite

Praktisch umgesetzt heißt das für den Maßstab 1:1 und 100 mm Brennweite

$g = (1 + 1 / 1 + 2) * 100 = 400 \, mm$

Noch ein Wort zur Genauigkeit der vorgestellten Formeln, die beide aus verschiedenen Gründen eigentlich nur Näherungswerte ergeben. Beide kommen nicht ohne den Hauptebenenabstand aus. Er muss bei der Entfernungsberechnung addiert und bei der Maßstabsberechnung von der Entfernung subtrahiert werden. Aufpassen: Er kann positiv oder negativ sein, deshalb das Vorzeichen beachten! In der Regel beträgt der Hauptebenenabstand nur einige Millimeter bzw. maximal wenige Zentimeter, aber leider gibt es keine geeigneten „über den Daumen-Werte". Wenn Sie ihn in den technischen Unterlagen Ihres Objek-

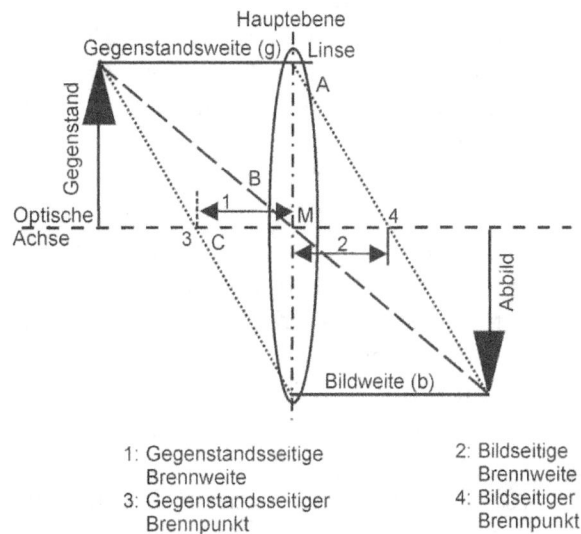

C) Gegenstandsweite verkürzt
Abbildungsmaßstab 1:1

1: Gegenstandsseitige Brennweite
2: Bildseitige Brennweite
3: Gegenstandsseitiger Brennpunkt
4: Bildseitiger Brennpunkt

Abb. 73: Abbildungsmaßstab 3
100 mm Brennweite und 600 mm Entfernung.

tivs nicht auftreiben können, lassen Sie ihn also lieber einfach ganz weg. Das Rechenergebnis wird dadurch nicht nachhaltig beeinflusst. Denn auch der in der Regel zugrunde gelegte nominelle Brennweitenwert des Objektivs ist, je nach dessen Bauweise, keine Konstante sondern kann sich mit der Fokussierung ändern. Dies hat damit zu tun, daß es zwei Möglichkeiten gibt ein Motiv in gegebener Entfernung scharf abzubilden.

1. Das Linsenpaket der Optik besitzt eine Unendlicheinstellung und läßt sich von dieser ausgehend entlang

Die Abbildung der Objektgrößen in der Photographie

der optischen Achse von der Kamera weg verschieben, um nahe Motive aufnehmen zu können. Dies führt beim Fokussieren auf nahe Motive zu einer größeren Baulänge und einer damit verbundenen Schwerpunktverlagerung. Letztere ist bei kurzen Brennweiten bedeutungslos, führt bei Teleobjektiven aber zu spürbaren Nachteilen.

2. Das Linsenpaket der Optik befindet sich unveränderlich in der Unendlicheinstellung und verringert für nahe Motive seine Brennweite. Diese Methode nennt man Innenfokussierung und sie wird durch das Verschieben ausgewählter Linsen realisiert, die sich nur wenig bewegen müssen und den Objektiv-Schwerpunkt deswegen nur unbedeutend beeinflussen. Da die Frontlinse nicht zu diesem beweglichen Paket gehört, bleibt die Objektiv-Baulänge unverändert.

In wie weit Ihre Optiken von dieser Brennweitenverringerung und den im Bereich von mehreren Prozent liegenden Fertigungstoleranzen betroffen sind, können Sie selbst mit einigen Vergleichsaufnahmen austesten. Alles, was Sie zu tun haben, ist ein Objekt bekannter Größe mit dem zu testenden Objektiv aus verschiedenen Abständen aufzunehmen und zu ermitteln, auf welchem Bild es im Maßstab 1:1 abgebildet wird. Gemäß der am Beginn des Abschnitts durchgeführten Berechnung beträgt die Gegenstandsweite für den Abbildungsmaßstab 1:1 und 100 mm Brennweite glatte 400 mm. Wenn Ihr 100 mm Objektiv den gewünschten Maßstab von 1:1 in den Testaufnahmen nicht bei 400 mm Abstand, sondern bei nur 300 mm liefert, kann daraus geschlossen werden, daß sich die Brennweite auf 300/4=75 mm verringert hat. Mit der so ermittelten effektiven Brennweite können Sie dann den für jeden gewünschten Maßstab notwendigen Abstand errechnen. Für den Maßstab 1:3 und 100 mm Brennweite ergibt sich beispielsweise ein Abstand von:

$$g = (3 + 1/3 + 2) * 75 = 433\, mmm$$

Aufnahmeentfernung und Brennweite

Wie wir gesehen haben hängen die Objektgrößen in der Photographie von der Brennweite und der Aufnahmeentfernung ab. Verdoppeln wir bei gegebener Entfernung die Brennweite, verdoppelt sich auch die Abbildungsgröße. Mit dem Teleobjektiv können wir so entferntliegende Motivteile formatfüllend vergrößern oder mit dem Weitwinkel vom selben Standpunkt aus als Teil der Gesamtheit abbilden. Halbieren wir umgekehrt bei gegebener Brennweite den Aufnahmeabstand,

Faktoren der Größenabbildung
Aufnahmeentfernung und Brennweite

verdoppelt sich wiederum die Abbildungsgröße (siehe Abb. 72). Richtig gestalterisch aktiv werden wir aber, indem wir zusätzlich zur Brennweite auch den Aufnahmeabstand verändern, wie es schon der Abschnitt „*Wie wir die Raumdarstellung im Bild steuern können - Blickwinkel*" angedeutet hat. Schauen wir uns die Bilder auf Seite 75 nochmal unter diesem gestalterischen Gesichtspunkt an.

Die vorn stehende, als Zaunpfahl dienende Bohle, ist unser Hauptmotiv und soll dementsprechend groß im Bild erscheinen. Alle übrigen Elemente sollen ihr Hintergrund und Stimmung verleihen. Die erste Variante nehmen wir mit einem 50 mm Normalobjektiv auf (Abb. 41). In ihr erscheint der Hintergrund in einer bestimmten Größenrelation zum Hauptmotiv. Wenn Ihnen dieses Verhältnis nicht gefällt und Sie den Hintergrund größer abbilden wollen, ohne das Hauptmotiv zu verkleinern, verdoppeln Sie einfach die Brennweite und entfernen sich, bis die Bohle wieder so groß ist, wie vorher. Eine Gitternetz-Einstellscheibe erleichtert diesen Größenabgleich. Abb. 42 zeigt das Ergebnis mit rund 100 mm Brennweite. Wollen Sie den Hintergrund umgekehrt im Verhältnis zum Hauptmotiv kleiner sehen, halbieren Sie die Brennweite und gehen so weit ´ran, bis das Hauptmotiv wieder dieselbe Anzahl Kästchen auf der Einstellscheibe füllt. Alle Elemente werden jetzt verkleinert abgebildet ohne das die Bohle an Prominenz verloren hat. Abb. 40 ist das entsprechende Bild mit leicht nach unten gerundeten 24 mm Brennweite. In allen Fällen ist der Abbildungsmaßstab des Hauptmotivs derselbe, aber die Größenrelationen zum Hintergrund haben sich nachhaltig verändert. Der Aufnahmestandort bestimmt also die Größenverhältnisse der verschiedenen Motivteile zueinander.

Mit der richtigen Kombination aus Brennweite und Aufnahmeabstand bestimmen wir die Größenverhältnisse zwischen dem Hauptmotiv und seinem Hintergrund und lassen den Raum zwischen ihnen weiter oder enger erscheinen. Im Gegensatz zum Normalobjektiv geben Weitwinkelobjektive entfernt im Hintergrund liegende Objekte im Verhältnis zu solchen im Vordergrund scheinbar zu klein wieder und übertreiben den perspektivischen Effekt der Größenabnahme zum Hintergrund hin. Teleobjektive verkürzen umgekehrt die scheinbaren Abstände zwischen verschieden weit entfernten Objekten. Damit besitzen wir ein mächtiges und einfach zu handhabendes Mittel, um die Größenverhältnisse im Bild gemäß unseren Vorstellungen zu steuern, ohne die einmal gewählte Perspektive zu zerstören.

Die Abbildung der Objektgrößen in der Photographie

Sonderfall Makroaufnahmen

Angenommen Sie haben für Ihr Motiv den Abstand, sagen wir 25 cm, errechnet aus dem Sie es im gewünschten Maßstab abbilden können. Sie setzen die Kamera aufs Stativ, rücken alles zurecht und merken beim Fokussieren, daß die Naheinstellgrenze des Objektivs nicht weit genug herunter reicht. Bei 0,5 m ist Schluss und dort sind Sie noch ein ganzes Stück von der vorausbestimmten Abbildungsgröße entfernt. Um zu verstehen, warum das bei „normalen" Aufnahmeobjektiven so sein muss, brauchen wir wieder etwas Theorie.

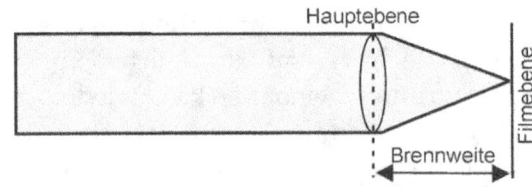

Abb. 74: Brennweite

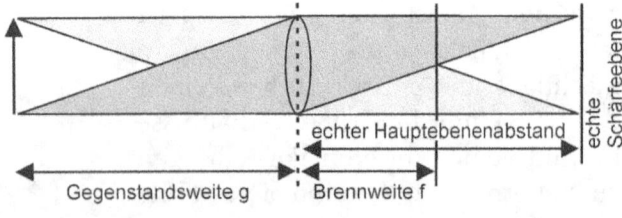

Abb. 75: Divergenz

Wir beginnen bei der Brennweite. Sie gibt den Abstand zwischen der Hauptebene der Linse und der Ebene an, in der im Unendlichen liegende Objekte scharf abgebildet werden. Bei einem Objektiv mit 50 mm Brennweite beträgt der Abstand zwischen Hauptebene der Linse und Filmebene also 50 mm. Aufgrund der unendlich großen Entfernung treffen die vom Objekt ausgehenden Lichtstrahlen in diesem Fall parallel auf der Linse ein (Abb. 74). Unterschreitet die Objektentfernung das Maß „unendlich", geschieht zweierlei: 1. vergrößert sich die Abbildung des Objekts und 2. vergrößert sich auch der Abstand zwischen der Hauptebene und der Schärfeebene, weil die Lichtstrahlen ihre Parallelität verlieren und ein längeres Wegstück zurücklegen müssen, um sich wieder in einem Punkt zu treffen (Abb. 75). Im selben Maß dieses Wegstücks müssen wir das Objektiv vom Film wegrücken, um eine scharfe Abbildung zu erreichen. An dieser Stelle kommen wir wieder auf unser eingangs gestelltes Problem, warum beim Einstellen irgendwann Schluss mit lustig ist, zurück. Unterschreitet der Abstand nämlich die Brennweite der Linse, reicht deren Brechkraft nicht mehr aus, um die nicht-parallelen Lichtstrahlen in einem Punkt zu bündeln, und es ergibt sich kein scharfes Bild mehr. In die-

Sonderfall Makroaufnahmen

sem Fall müssen wir mit einem Trick eingreifen und den Abstand zwischen Objektiv und Kamera vergrößern, um den mechanischen Einstellbereich des Objektivs zugunsten kürzerer Aufnahmedistanzen zu erweitern.

Erste Wahl dafür sind **Makroobjektive**, die auf kurze Aufnahmeabstände gerechnet sind und das Fokussieren auf extrem nahe Motive gestatten. 50- oder 100 mm Kleinbildbrennweite sind die Regel und ihr Einstellbereich ist so ausgelegt, daß ein größter Abbildungsmaßstab von 1:2 oder 1:1 erreicht werden kann. Aufgrund ihrer aufwendigen optischen Korrektur und überlegenen Abbildungsqualität sind sie zwar fast immer erheblich teurer als normale 50er oder 100er, gestatten dafür aber durch die Erhaltung aller Kameraautomatiken und Komfortfunktionen, wie automatische Springblende und Autofokus, super bequeme Nahaufnahmen. – In den folgenden Abschnitten werden Sie sehen, daß dies mit verschiedenem anderen Zubehör nicht möglich ist.

Zwischenringe sind eine weitere Möglichkeit in den Nahbereich vorzustoßen. Sie sind in der Regel als Dreiersatz mit unterschiedlicher Stärke erhältlich und man verwendet sie einzeln oder gemeinsam. Ihre Handhabung ist einfach: Zunächst wird der dünnste Ring zwischen Kamera und Objektiv montiert. Reicht der Einstellbereich dann aus, können Sie also ein scharfes Bild im gewünschten Maßstab einstellen, machen Sie Ihre Aufnahme. Reicht er nicht aus, setzten Sie den nächst stärkeren bzw. eine Kombination aus mehreren Ringen an. Optimal zur Verwendung mit Zwischenringen geeignet sind Objektive mit fester Brennweite von mindestens 50 mm. Zooms und Weitwinkel sollten dagegen nicht mit ihnen kombiniert werden, da es

In der normalen bildmäßigen Photographie werden Abbildungsmaßstäbe zwischen 1:7 und 1:10 erzielt. Als Makrophotographie wird jener Bereich bezeichnet, bei dem Objekte bis zu einem Abbildungsmaßstab von ca. 1 : 1 abgebildet werden. In den Bereich der vergrößerten Abbildung stößt dann die Mikrophotographie mit Abbildungsmäßstäben von 1 : 1 und aufwärts vor.

in diesen Fällen häufig zu „Hot Spots" genannten Bildfehlern kommt, die durch die Konstruktion dieser Objektive verursacht werden. Hierbei wird die Bildmitte heller abgebildet als der Rand und das ist im Kamerasucher nur schlecht zu sehen. Wenn Sie einen

Die Abbildung der Objektgrößen in der Photographie

Satz Zwischenringe verwenden, die an Ihr Kamerasystem angepasst sind und keinen Adapter benötigen, haben Sie alle Komfortmerkmale, wie Belichtungsautomatik und Autofokus zur Verfügung und können so arbeiten, als ob Ihr Objektiv eine entsprechend kurze Naheinstellgrenze besitzen würde. Bei großen Abbildungsmaßstäben können Sie das Objektiv zudem zur Steigerung der Bildqualität mittels eines **Umkehrrings** umdrehen. Hintergrund: Normale Aufnahmeobjektive sind so konstruiert, daß der Abstand zwischen ihrer Frontlinse und dem Motiv groß, der zwischen Hinterlinse und dem Film dagegen klein ist. Bei Makroaufnahmen ist der Abstand zum Motiv dagegen kleiner als der zum Film. Durch das eigentlich verkehrte Ansetzen der Optik stellt man nun wieder die Verhältnisse her, die dem Objektiv am besten behagen, nämlich, daß der größere Abstand auf der Seite der Frontlinse herrscht. Natürlich verliert man dadurch die automatische Blendenschließung, denn die Anschlüsse und Übertragungsmechanismen liegen ja auf der kameraabgewandten Seite in der Luft.

Noch einen Schritt weiter in Richtung größerer Abbildungsmaßstäbe gehen die **Balgengeräte**. Sie bestehen aus zwei beweglichen Standarten, die durch einen lichtdichten Faltenbalg (den Balgen) miteinander verbunden sind. An der hinteren Standarte wird das Kameragehäuse montiert, an der vorderen das Objektiv und die ganze Konstruktion wird auf einem Stativ befestigt. Der Abbildungsmaßstab kann damit stufenlos eingestellt werden und sehr groß werden, weil der potentielle Abstand zwischen den Standarten groß ist. Sollte dies für Ihre Bildidee immer noch nicht ausreichen, können Sie zusätzlich noch Zwischenringen zwischen Kamera und Balgengerät montieren. - Aber das bringt uns dann schon von der Makro- in den Bereich der Mikrophotographie! Um die größtmögliche Bildqualität zu erreichen, sollte man in Verbindung mit dem Balgengerät von der Verwendung der Kameraobjektive absehen. Diese sind auf normale Bildsituationen mit unterschiedlich weit entfernten Objekten hin gerechnet und weisen deshalb ein gewölbtes Bildfeld auf, das bei Scharfeinstellung auf die Mitte zum Rand hin unscharf wird und umgekehrt. Da die Objekte bei Nahaufnahmen aber häufig in einer Ebene liegen, sind spezielle Makroköpfe oder Vergrößerungsobjektive (4-Linser mit symmetrischem Aufbau liefern gute Ergebnisse, apochromatisch korrigierte 6-Linser sind die sündhaft teure Krönung) besser geeignet. Sie sind für geringe Aufnahmeabstände berechnet, besitzen eine extrem geringe Verzeichnung und weisen ein planes Bildfeld auf, so daß die Abbildung auch bei offenere Blende bis an den Rand messerscharf wird. Da die Entfernungseinstellung am Balgengerät vorgenommen wird, weisen beide Objektivtypen in der Regel keine solche mechanische Möglichkeit auf. Sofern Sie nicht ganz tief in die Tasche greifen, müssen Sie auch auf die automatische Springblende verzichten und sich mit der Arbeitsblende zufrieden geben. Es wird also bei offenere Blende fokussiert, die Blende von Hand auf den vorbestimmten Wert (zur Erzielung der größten Tiefenschärfe meistens ganz) geschlossen und dann ausgelöst. Da aber die Wahl des richtigen Bildausschnitts und die Scharfeinstellung mit dem Balgengerät ohnehin eine Weile dauern, fällt dieser Komfortverlust nach Ansicht vieler begeisterten Makrophotographen nicht weiter ins Gewicht.

Wenn Sie nur gelegentlich in den Bereich der Nahaufnahmen vorstoßen wollen, und deswegen die Anschaffung des zuvor genannten teuren Zubehörs scheuen, sind **Nahlinsen** die richtige Wahl. Sie erhöhen die Brechkraft der Optik und sorgen so dafür, daß der Einstellbereich des Objektivs auch für sehr kurze Aufnahmeabstände ausreicht. Nahlinsen sind in Stärken zwischen 0,5 und 10 Dioptrien erhältlich. Ihre Brennweite errechnet sich durch die Kehrwertbildung: 0,5 Dioptrien entsprechen also 1/0,5=2 m Brennweite. Nachteil der Nahlinsen ist die deutliche Verschlechterung der Abbildungsqualität durch die großen Bildfehler der einzelnen Linse. – Aus gutem Grund bestehen hochwertige Objektive aus mehreren Linsen, die die gegenseitigen Abbildungsfehler ausgleichen. Genau wie mit den Zwischenringen sollten auch Zoomobjektive und Brennweiter unter 50 mm nicht mir Nahlinsen kombiniert werden, denn auch hier kommt es zu den schon angesprochenen „Hot Spots". Ideal sind wiederum feste Brennweiten zwischen 50 und 135 mm.

Größen, wie wir sie sehen

So, jetzt haben wir aber genug „manipuliert" und wollen uns mal damit befassen, wie wir die Größenverhältnisse entsprechend unserer Wahrnehmung abbilden können. – Eingangs habe ich ja geschrieben das wir in der Photographie beides tun können. Dazu müssen wir zwei Faktoren beachten: den Bildwinkel und den Betrachtungsabstand.

Die Abbildung der Objektgrößen in der Photographie

Abb. 76: Bildwinkel horizontal, vertikal und diagonal

An dieser Stelle bietet es sich an, mit einem verbreiteten Irrtum aufzuräumen: Können wir mit einem 24er Weitwinkelobjektiv einen größeren Blickwinkel abbilden, wenn wir uns weiter von der vor uns liegenden Landschaft entfernen? – Viele Photographen begehen diesen Denkfehler und verwechseln die Wirkung des Aufnahmeabstandes mit dem vom Objektiv erfaßten Bildwinkel. Selbstverständlich zeigt das Bild bei größerem Abstand mehr Details und wir sagen „es ist mehr ´drauf". Dennoch bleibt der erfaßte Bildwinkel derselbe, da er von der Brennweite des verwendeten Objektivs und deren Verhältnis zum Bildformat abhängt.

Der **Bildwinkel Bα** ist die Größe des Feldes, das vom Objektiv auf den Film abgebildet wird und wir unterscheiden den **horizontalen Bildwinkel**, den **vertikalen Bildwinkel** und den **diagonalen Bildwinkel** so, wie es Abb. 76 zeigt.

Er errechnet sich mit der Tangens-Funktion wie folgt:

$$B\alpha = 2 * \tan(Format / 2 / Brennweite)$$

Für „Format" setzen wir das dem jeweiligen Aufnahmeformat entsprechende horizontale-, vertikale- oder diagonale Maß aus der Tabelle auf der nächsten Seite ein. Berechnet wird die Diagonale nach der Formel:

$$d = \sqrt{(b^2 + h^2)}$$

d = Diagonale
b = Bildbreite
h = Bildhöhe

Für den diagonalen Bildwinkel des Kleinbildformats und 50 mm Brennweite rechnet sich das so:

$B\alpha = 2 \cdot \tan(162{,}8 / 2 / 50)$
$B\alpha = 2 \cdot \tan 1{,}63$
$B\alpha = 2 \cdot 58{,}47$
$B\alpha = 116{,}94°$

Für den diagonalen Bildwinkel des 4"x5"-Format und ebenfalls 50 mm Brennweite sieht es wie folgt aus:

$B\alpha = 2 \cdot \tan(43{,}3 / 2 / 50)$
$B\alpha = 2 \cdot \tan 0{,}433$
$B\alpha = 2 \cdot 23{,}41$
$B\alpha = 46{,}82°$

Größen, wie wir sie sehen

Aha, mit zunehmendem Formatmaß und gleichbleibender Brennweite vergrößert sich also der Bildwinkel. Das 50er, welches im Kleinbild eine Normalbrennweite ist, wird im Großformat zum ansehnlichen Weitwinkel. Abb. 77 illustriert dies.

Da können wir dann auch gleich noch einen zweiten oft falsch eingeschätzten Zusammenhang ausräumen. Ein Objektiv gegebener Brennweite, zum Beispiel 50 mm, bildet ein Objekt, beispielsweise ein Auto, immer gleich groß ab, egal ob auf 24x36 mm Kleinbildmaterial oder auf 4"x5" Planfilm. Einziger Unterschied: Auf dem Kleinbildfilm wird nur ein Teil des Wagens, vielleicht das Mittelstück, zu sehen sein, während er im Großformat ganz mit einem guten Stück seiner Umgebung erscheint. Legen wir aber beide Filme übereinander, entsprechen sich die jeweils abgebildeten Teile. Die Abb. 77 verdeutlich auch, warum das so ist. Der Bildwinkel gibt an, wieviel vom Objekt aufs Bild passt. Im ersten Beispiel ist zu erkennen, daß der als Motiv fungierende Pfeil nicht ganz im Aufnahmeformat untergebracht werden kann. Die gestrichelten Linien führen von den äußersten Punkten der Bildebene zu den äußersten darstellbaren Punkten des Pfeils. Sie bilden den Bildwinkel. Im zweiten Beispiel

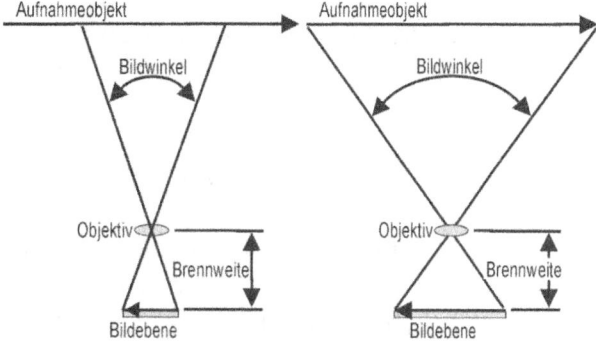

Abb. 77: Bildwinkel und Aufnahmeformat

Tabelle 2 Aufnahmeformate und Bildwinkel			
Format	Bildwinkel horizontal	Bildwinkel vertikal	Bildwinkel diagonal
Four-Thirds/ Micro Four-Thirds	17,3 mm	13 mm	24,6 mm
APS-C	24 mm	16 mm	28,8 mm
24x36 mm KB	36 mm	24 mm	43,3 mm
6x6 cm	60 mm	60 mm	84,8 mm
4"x5"	127 mm	101,6 mm	162,6 mm
8"x10"	254 mm	203,2 mm	325,3 mm

mit einem größeren Aufnahmeformat kann er ganz untergebracht werden.

Bei uns Menschen beträgt der Bildwinkel in alle Richtungen (unser Gesichtsfeld ist nahezu rund) gute 50°. Gemäß der einschlägigen Definition ist dies der Bereich, der ohne Kopfbewegung, jedoch mit Bewegung der Augen, gut eingesehen werden kann. Um eine Abbildung zu erzeugen, die dem entspricht was wir quasi „auf einen Blick" wahrnehmen können,

Die Abbildung der Objektgrößen in der Photographie

müssen wir ein Objektiv verwenden, das im jeweiligen Aufnahmeformat einen Bildwinkel von 50° abbildet. Im Kleinbildformat entspricht dieser Bildwinkel einer Brennweite von 50 mm. Bilder, die mit solchen Objektiven aufgenommen werden, entsprechen bei normaler Vergrößerung und richtigem Betrachtungsabstand ziemlich genau dem, was wir auf einen Blick wahrnehmen können. Aus diesem Grund werden solche Objektive als Normalobjektive bezeichnet. Wie groß ist aber „der richtige Betrachtungsabstand", der die Größenverhältnisse wieder unserer Wahrnehmung entsprechend zurecht rückt? Auch ihn können wir berechnen. Die Formel lautet:

$$Abstand = \frac{Bildbreite}{2 * \sin\left(\frac{Winkel}{2}\right)}$$

$$= \frac{15}{2 * \sin\left(\frac{46,82}{2}\right)}$$

$$= \frac{15}{2 * \sin(23,41)}$$

$$= \frac{15}{0,795}$$

$$= 18,87 cm$$

Ein mit 50 mm Kleinbildbrennweite (=46,82° diagonaler Bildwinkel) aufgenommenes und auf 10 x 15 cm vergrößertes Bild muss also aus gut 19 cm Entfernung betrachtet werden, damit es wieder rund 50° unseres Bildfeldes einnimmt. Natürlich können wir auch den richtigen Entfernungsabstand für jedes mit einer anderen Brennweite aufgenommene Bild auf diesem Weg berechnen. Für ein paar gängige Kleinbild-Brennweiten nimmt Ihnen Tabelle 3 die Arbeit ab.

Tabelle 3 Brennweiten und Betrachtungsabstände		
KB-Brennweite	Bildwinkel diagonal	Betrachtungsabstand
24 mm	84,1°	11 cm
35 mm	63,5°	14 cm
100 mm	24,4°	35 cm
200 mm	12,3°	70 cm

Um die jeweils gemeinte Brennweite für die in der Regel kleineren digitalen Aufnahmeformate zu ermitteln, dividieren Sie die angegebene Brennweite durch den Ihrem Aufnahmeformat entsprechenden Faktor:

Four-Thirds (1,6), APS-C (1,4), APS (1,5), 4/3" (1,9), 2/3" (3,9), 1/1,6" (4,2), 1/1,7" (4,6), 1/1,8" (4,8), 1/2,3" (5,6), 1/2,5" (6,0), 1/2,7" (6,5), 1/3,2" (10,2)

Größen, wie wir sie sehen
Digitale Größenmaße

Abb. 78: Der Vollmond über der San Francisco Bay mit 200 mm Brennweite

Was die zuvor angesprochene **Mondtäuschung** angeht, so ist die Kamera immun gegen die Eigenheiten unseres Wahrnehmungssystems und überrascht uns oft mit Bildern, die einen viel kleineren Mond zeigen, als wir ihn in Erinnerung haben. Da Mond und Horizont für sie gleichermaßen im Unendlichen liegen kommt die für die Größenverzerrung sorgende perspektivische Verkürzung in diesem Fall nicht zum Tragen und erst eine Brennweite von mindestens 200 mm bildet den Mond ungefähr unserer Sicht entsprechend ab.

Digitale Größenmaße

Bei **digitalen Aufnahmemedien** liegen die Dinge ein wenig anders, denn hier besitzen die Objekte keine fixen Größen sondern nur eine gewisse Anzahl an Pixeln. Ihnen wird die Größe erst über die Auflösung des Ausgabegeräts zugewiesen. Ist sie bekannt, läßt sich der Abbildungsmaßstab wie folgt berechnen:

$$\beta = \frac{P}{(A*G)}$$

β = Abbildungsmaßstab
P = Pixelanzahl des Bildes
A = Auflösung des Ausgabegeräts in Pixel pro Längeneinheit
G = Größe des aufgenommenen Gegenstands in der Längeneinheit von A

Hat ein Bild also 200 Pixel, der Monitor eine Auflösung von 100 Pixel pro Inch (PPI) (1 Inch = 2,54 cm = 100/2,54 = 39,4 Pixel pro cm) und beträgt die Gegenstandsgröße 2,5 cm, so beträgt der Abbildungsmaßstab

$$\beta = \frac{200}{(39,4 * 2,5)} = 2,0 : 1$$

7 Epilog – Was die visuelle Wahrnehmung tut und was die Photographie tun sollte

Was die visuelle Wahrnehmung tut

Visuelle Wahrnehmung ist ein höchst komplexer Prozess der viele aufwendige Einzelvorgänge zu einem für uns wunderbaren Eindruck integriert. Aber warum nehmen wir überhaupt visuell wahr, wieso Sehen wir? Andere Lebewesen, wie Mäuse oder Maulwürfe, schlagen sich schließlich auch mit ausgesprochen einfachen visuellen Fähigkeiten erfolgreich durch ihr Leben. Ist unsere Fähigkeit zu Sehen nur eine Zugabe um uns, wie die meisten schlagfertig erwidern würden, das Erkennen anderer Menschen, die adäquate Partnerwahl, die Essensbeschaffung, das Lesen oder die Orientierung zu ermöglichen? Wohl kaum, denn all diese Fähigkeiten sind nur Teilaspekte dessen, wozu die Wahrnehmung ganz allgemein dient. Dies übergeordnete Ziel ist die Beschaffung von **Informationen**, von **Wissen** über unsere Umwelt. Im Vergleich zum Hören, Fühlen, Riechen und Schmecken ist das Sehen die effektivste Möglichkeit dies für uns so wichtige Ziel zu erreichen. Zudem erschließt es uns mit der Wahrnehmung von Farbe oder dem Gesichtsausdruck unseres Gegenübers Quellen, die uns sonst verschlossen blieben.

So weit so gut, aber Sehen ist schwierig, denn die Daten, die uns erreichen, sind ständig im Fluss und nicht konstant. Die **Helligkeit** eines Objekts verändert sich mit der Lichtintensität. Verdoppelt sich diese, weil die Sonne hinter einer abschattenden Wolke hervortritt, so verdoppelt sich auch die von dem Ding reflektierte Lichtmenge. Ähnlich sieht es bei der **Farbe** aus. Auch wenn die Lichtintensität gleich bleibt, ändert sich die spektrale Zusammensetzung des Sonnenlichts im Tagesverlauf. Am Morgen und Abend weist es beispielsweise einen größeren Rotanteil auf als am Mittag und parallel dazu verändert sich auch der von den Objekten reflektierte Wellenlängenmix. Die **Form** der Dinge hängt davon ab, aus welchem Blickwinkel wir sie betrachten. Bewegen wir uns, so wandelt sich ihr Netzhautbild. Aus einem rechten Winkel kann ein spitzer werden und der Stuhl vor uns wird zu einem Zerrbild. Desgleichen verhält es sich mit der **Größe**. Verdoppeln wir die Entfernung zu der großen Eiche im Garten halbiert sich ihr Abbild auf der Netzhaut und umgekehrt.

> „In exploratory looking , tasting and touching the sense impressions are incidental symptoms of the exploration and what gets isolated is information about the object looked at, tasted or touched."
> James Gibson

und was die Photographie tun sollte

Würden all diese Veränderungen tatsächlich bis in unsere bewußte Wahrnehmung durchschlagen, so wären die Dinge vielgestaltig, uneindeutig und schwer zu definieren. Unser Leben wäre entsprechend kompliziert und mühsam. Vielleicht sogar unmöglich zu bewältigen. Um diese Entwertung des Sehens zu verhindern, muss sich das visuelle System beschränken. Es darf nicht alles abbilden und weiterleiten, sondern tut besser daran sich in einem aktiven Prozess auf einige wenige Objekteigenschaften zu beschränken. Dies sind jene, die unter allen oder mindestens den meisten Umständen konstant bleiben und damit belastbar genug sind, um es dem Gehirn zu ermöglichen die Dinge zu kategorisieren. In dieser Hinsicht ist die einzig wertvolle Kenntnis jene über die charakteristischen und dauerhaften Eigenschaften eines Objekts. Sie könnte man auch als seine „wahre Natur" bezeichnen und sie sind die einzigen, die zu sammeln sich für den Apparat in unserem Kopf lohnt.

Deklinieren wir diese Anforderungen einmal für die oben genannten Problemfelder durch. Für die Wahrnehmung der Objekthelligkeit ergibt sich da, daß nicht die absolute reflektierte Lichtmenge ausschlaggebend ist, sondern vielmehr die relativen Reflektanzeigenschaften der Objekte und Objektteile zueinander, denn diese bleiben unabhängig von der Intensität des einfallenden Lichts immer gleich. Mit der Center/Surround Organisation bestimmer retinaler und kortikaler Ganglienzellen hat das visuelle System einen zuverlässigen Mechanismus entwickelt, der globale Helligkeitsänderungen von der Wahrnehmung ausschließt und statt dessen die Unterschiede zwischen einzelnen Teilbereichen favorisiert. Ihn nennen wir auch **Helligkeitskonstanz**. Eine ganz ähnlich gelagerte Verhältnisbildung erkennen wir auch bei der Farbwahrnehmung. In diesem Kanal finden wir Zellen, die die Relation zwischen reflektiertem- und eingestrahltem Wellenlängengehalt bestimmen. Weil eine Kirsche oder eine Tomate immer am stärksten im langwelligen roten Bereich des Spektrums, sagen wir mal bei 650 nm Wellenlänge, reflektiert, können wir ihnen diese Eigenschaft auf diesem Weg unabhängig von der spektralen Zusammensetzung des einfallenden Lichts zuschreiben. Dies bezeichnen wir als **Farbkonstanz**. **Formkonstanz** ergibt sich, weil wir das Aussehen der Dinge nach feststehenden Regeln konstruieren. Einige dieser Vorgaben lauten wie folgt: Gerade Linien im Netzhautbild erscheinen auch im dreidimensional wahrgenommenen Objekt gerade. Li-

Was die visuelle Wahrnehmung tut

nienenden, die im zweidimensionalen Bild zusammenfallen, tun dies auch im dreidimensionalen. Und, etwas komplizierter, T-förmige Linienverbindungen werden als Punkte wahrgenommen, nahe denen sich Umrissteile gegenseitig verdecken. Mit diesem Satz Konstruktionsregeln sind wir grundsätzlich in der Lage sich ändernde mehrdeutige Netzhautbilder in stabile Wahrnehmungen zu überführen, so daß ein Stuhl bei der Betrachtung aus den verschiedensten Positionen immer ein Stuhl bleibt. Bleibt die Objektgröße. Da das Abbild der Dinge auf der Retina eine zentralperspektivische Projektion ist, muss es sich zwangsläufig mit der Entfernung verändern. Durch die Einberechnung des sich ebenfalls ändernden Sehwinkels, der sich aus der Stellung der Augen zueinander ergibt, kann das visuelle System diesem Kleiner- und Größerwerden entgegenwirken und uns **größenkonstante** Wahrnehmungen liefern

Was nehmen wir nun, nach so viel Theoretischem, mit uns in die Nacht? Ich glaube der photographisch relevante Nektar liegt darin, daß wir aus den verschiedenen Konstanzphänomenen der visuellen Wahrnehmung eine neurologische Begründung für etwas ableiten können, das in jedem besseren Buch zur Bildgestaltung zu lesen steht: *„Suchen Sie in Ihrem Motiv nach dem Bild hinter dem Bild und enthüllen Sie seinen wahren Charakter."* Wenn wir unseren Erkenntnissen und dem Standpunkt folgen, den Semir Zeki in *„Inner Vision"* so wundervoll begründet hat, dann ist genau dies die Aufgabe all unserer Wahrnehmung – im Gewusel der vielen und vieldeutigen Informationen nach jenen Mustern zu suchen, die uns etwas über die wahre unveränderliche Natur der Dinge verraten. Genau dasselbe sollte auch die Photographie tun. Eine Landschaft mag eine Landschaft sein, ein Berg ein Berg und ein Gesicht ein Gesicht. Indem wir aber mittels unserer Kreativität und unseres Einfühlungsvermögens versuchen in jedem Motiv eine über den ersten Eindruck hinausgehende Bedeutung zu entdecken und im Bild zu konservieren, schaffen wir die wahren Hingucker, weil wir unserem Wahrnehmungsapparat seine Arbeit ganz erheblich erleichtern.

Wenn wir die Photographie als Kommunikationsmedium und nicht bloß zu dokumentarischen Zwecken nutzen und wollen, daß die zu kommunizierende Botschaft beim Betrachter ankommt, tun wir gut daran die Vorlieben des visuellen Systems zu respektieren. Egal, was wir also mit dem Mittel der Photographie kommunizieren wollen (unser Gefühl für etwas oder einen Aspekt des Objekts, obwohl

und was die Photographie tun sollte

auch das Gefühl nur ein Aspekt ist), wir sollten es so weit wie möglich aus dem Dickicht des Informationsüberangebots (das die Abbildung notwendigerweise enthält) herauslösen. Wir sollten also so weit wie möglich zum „wahren Kern" vordringen und ihn mit den Mitteln des realen Motivs im Bild transportieren. Je weiter wir dabei vordringen (je besser die Herauslösung gelingt), umso eindrucksvoller wird das Bild vom Betrachter empfunden werden (siehe Adams, Weston, Cartier-Bresson). In vielen Büchern zur Bildgestaltung steht etwas davon, daß man seinen Bildern „Substanz" geben muss – ja, daß muss man. Denn diese Substanz ist nichts anderes als der klar kommunizierte wahre Charakter des Motivs und „klar kommuniziert" bedeutet „leicht für die visuelle Wahrnehmung zu erschließen".

Der Kopf hinter der Kamera muss all seinen Wahrnehmungskanälen lauschen, um die Essenz des Motivs zu erkennen. -- Er muss mit allen Sinnen sehen! Der Fähigkeit sich diesen Gesamteindruck zu erschließen steht allerdings häufig unsere Beladenheit entgegen. Die alltäglichen Dinge, die kleinen und großen Sorgen und Ablenkungen blockieren die Pforten, so daß die Wahrnehmungen nur noch tröpfeln oder gar nicht mehr im Bewußtsein ankommen.

Der Fähigkeit und Möglichkeit sich den wahren Charakter der Objekte zu erschließen stehen verschiedene Hürden in uns selbst und in unserer äußeren Welt entgegen. Zum ersten hindert uns die schiere Menge der auf uns einprasselnden Informationen daran zu erfassen, worum es wirklich geht. Wir haben es in jedem Moment mit derart vielen visuellen Reizen, Geräuschen,

„Bullock saw clearly that in order to maximize a photograph´s potential, a photographer has to be aware of his own functioning. The greater a photographer´s awareness, the greater his ability to function more effectively and the greater his photograph´s potential to symbolize meaning."
Barbara Bullock-Wilson

Gerüchen und Geschmäckern zu tun, daß unser Wahrnehmungsapparat das meiste ausblenden *muss*, nur damit wir nicht aus der Balance geraten. Ist sie erreicht, vermeiden wir alles, was die Ordnung gefährden könnte und halten uns an die so schwer errungene Stabilität. Nur gehen uns durch die Ausblendung viele Informationen verloren, die wichtig wären, um die hinter

Was die visuelle Wahrnehmung tut

der manchmal falschen Wirklichkeit liegenden tatsächlichen Zusammenhänge zu erkennen. Zum zweiten steht die aus der Vertrautheit mit den Objekten resultierende Kategorisierung aller Eindrücke dem wirklich freien Blick entgegen. Kinder kennen dies Problem noch nicht und visualisieren die wirklich wichtigen Dinge ganz frei in ihren Bildern. Aber schon in der Schule wird ihnen diese Freiheit durch die Lehre der offenkundig wichtigeren Fähigkeiten Lesen, Schreiben und Rechnen abgewöhnt. In der Folge erlahmt der direkte Zugang zur unmittelbaren sensorischen Erfahrung. An seine Stelle tritt die Benennung der Objekte mit erlernten Namen. Und je älter wir werden umso automatischer und schneller Katalogisieren und Kategorisieren wir alles in unserer Umgebung. So erkennen wir zwar alles, aber wir sehen nichts mehr wirklich, wie Frederick Frank so schön gesagt hat. Zum dritten ist da die Beladenheit des Bewußtseins mit den kleinen und großen Sorgen des Alltags. Die Anforderungen der Berufswelt haben in den vergangenen Jahren derart zugenommen, daß viele Menschen dem nicht einmal mehr in ihrem Urlaub richtig entkommen können. Kinder sorgen, sofern vorhanden, oft für ganz eigene Sorgen. Und hat man es trotz der knappen Zeit mit der Phototasche ins Feld geschafft, bringen unter Umständen mangelnde Praxis im Umgang mit dem alten Equipment oder neuen Geräten zusätzliche Ablenkungen.

Diesen Hürden aus dem Weg zu räumen, kann zum Teil sehr schwierig sein. Entspannungstechniken für Körper und Geist können helfen und auch gezielte Vermeidungsstrategien zur Alltagsbewältigung sind in manchen Fällen nützlich. Natürlich sollten das intuitive Verständnis für die Aufnahmetechnik und die Geräte gegeben sein. Am Allerwichtigsten aber ist es, sich der Hürden bewusst zu sein und solange man an ihrer Überwindung arbeitet gezielt jene Momente für die Photographie reserviert, in denen man sich wirklich frei und in der Lage fühlt, alle Vorfestlegungen über die Dinge in der Welt da draußen fallenzulassen.

Eine Zeitspanne, in der man diese Freiheit häufig erleben kann, sind die ersten Tage nach der Heimkehr von einer Reise oder aus dem Urlaub. Für diese kurze Dauer ist man gelöst und entspannt genug, um die alltäglichen Dinge zu Hause ganz neu und ganz anders zu sehen. Man bemerkt sonst übersehen Details und erkennt deren Wichtigkeit. Bestimmte Lichtsituationen dringen ins Bewusstsein und lassen die so vertraute Umgebung spannend und neu erscheinen. Bekannte Gegenstände zeigen plötzlich bislang

und was die Photographie tun sollte

unbekannte oder übersehene Eigenschaften. Kurz: Für eine begrenzte Zeit sind wir aufgrund der unterwegs nicht vorhandenen alltäglichen Zwänge erworbenen Freiheit in der Lage so zu sehen, wie wir immer sehen sollten. Leider hat uns der Alltag viel zu schnell wieder und deckt diese Fähigkeit zu.

Ist der schwierige Schritt geschafft, den Geist zu öffnen und zu erkennen, was das Motiv ausdrückt bzw. was seine wahre Natur ist, geht es für den Photographen daran dies ins Bild zu transportieren. Photographie ist eine visuelle Sprache und die Gemeinsamkeit aller Sprachen ist es, Gedanken und Gefühle durch abstrakte Symbole zu kommunizieren. Die Symbole unseres Mediums sind Bildelemente, wie Formen und Gestalten, ihre Orientierungen und Größen, Bewegung oder die Abwesenheit davon, die Gestalt des Raums. Alle zusammen werden durch Helligkeiten und Farben repräsentiert, die wir zusammengefasst auch als Tonwerte bezeichnen. Um sie richtig einzusetzen, müssen wir um ihre wahrgenommene-, man könnte auch sagen „gefühlte" Bedeutung wissen.

8 Anhang

Inhalt

Anmerkungen
Literaturverzeichnis
Stichwortverzeichnis

Anhang

Anmerkungen

(1) Nach Daten aus: Bowmaker, Dartnall 1980

(2) Beide Photos mit freundlicher Genehmigung der Fa. *Zörkendörfer Film- und Fototechnik*, München

Literaturverzeichnis

Visuelle Wahrnehmung

Barlow, H. B., Mollon, J.: *The Senses*. Oxford University Press (1982)

Berkeley, G.: *Versuch über eine neue Theorie des Sehens*. Meiner (1987)

Bruce, V., Green, P. R., Georgeson, M.: *Visual perception: physiology, psychology and ecology*. LEA (1996)

Campenhausen, C. von: *Die Sinne des Menschen. Band 1: Einführung in die Psychophysik der Wahrnehmung*. Thieme (1981)

Cornsweet, T. N..: *Visual Perception*. Academic Press (1970)

Frisby, J. P.: Seeing: *Illusion, Brain And Mind*. Oxford University Press (1980)

Gregory, R. L.: *Auge und Gehirn*. Rowohlt (2001)

Harris, C. S.: *Visual Coding and Adaptability*. Erlbaum (1980)

Held, R. (Hrsg.): *Recent Progress in Perception*. Freeman (1976)

Held, R., Richards, W.: *Perception: Mechanisms and Models*. Freeman (1972)

Kaufman, L.: *Sight and Mind: an Introduction to Visual Perception*. Oxford University Press (1974)

Levine, M. W.: Shefner, J. M.: *Fundamentals of Sensation and Perception*. Addison-Wesley (1981)

Livingstone, M. S., Hubel, D. H.: Psychophysical evidence for separate channels for the perception of form, colour, movement and depth. *Journal of Neuroscience* Nr. 7: S. 3416-3468 (1987)

Milner, P., Goodale, M. A.: *The visual brain in action*. Oxford University Press (1995)

Riggs, L. A., Ratliff, E., Cornsweet, T. N.: The disappearance of steadily fixated visual

Literaturverzeichnis

test objects. *Journal of the Optical Society of America* Nr. 43: S. 459 (1953)

Rock, I.: *An Introduction to Perception*. Macmillan (1975)

Sekuler, R., Blake, R.: *Perception*. McGraw Hill (1994)

von Helmholtz, H.: *Handbuch der physiologischen Optik*. Voss (1867)

Wallach, H.: *On Perception*. Quadrangle Books (1976)

Neurophysiologie

Bowmaker, J.K., Dartnall, H.J.A.: Visual pigments of rods and cones in a human retina. *Journal of Physiology* Nr. 298: S. 501-511 (1980)

Godde, B., Dinse, H.: Plasticity of orientation preference maps in the visual cortex of adult cats. *Proceedings of the National Academy of Sciences* Bd. 99: S. 6352-6357

Blakemore, C.: *Mechanics of the Mind*. Cambridge University Press (1977)

Blakemore, C., Tobin, E. A.: Lateral Inhibition between orientation detectors in the cats visual cortex. *Experimental Bain Research* Nr. 15: S.439-440 (1972)

Blakemore, C., Cooper, G. C.: Development of the brain depends on the visual environment. *Nature* Nr. 228: S. 477-478 (1970)

Carter, R.: *Mapping the Mind*. University of California Press (1998)

Cynander, M., Timney, B. N., Mitchell, D. E.: Period of susceptibility of kitten visual cortex to the effects of monocular deprivation extends beyond six months of age. *Brain Research* Nr. 191: S. 545-550 (1980)

Dawkins, R., Norton, W. W.: *Climbing Mount Improbable*. Rowohlt (1998)

Dowling, J. E.: *The retina – an approachable part of the brain*. Harvard University Press (1987)

Düweke, P.: *Kleine Geschichte der Gehirnforschung - Kurzbiographien wichtiger Hirnforscher von René Descartes über Cécile und Oskar Vogt bis zu John Eccles*. C.H. Beck (2001)

Edelmann, G. M.: *Gehirn und Geist. Wie aus Materie Bewusstsein entsteht*. dtv (2004)

Edelmann, G. M.: *Unser Gehirn - ein dynamisches System: Die Theorie des neuronalen Darwinismus und die biologischen Grundlagen der Wahrnehmung*. Piper (1993)

Foley, J. P. jr.: An experimental investigation of the effects of prolonged inversion of the visual field in the rhesus monkey. *Journal of Genetics and Psychology* Nr. 56: S. 21-55 (1940)

Anhang

Gegenfurtner, K. R.: *Gehirn & Wahrnehmung*. Fischer Taschenbuch Verlag (2003)

Greenfield, A.: *Reiseführer Gehirn*. Spektrum Akademischer Verlag (2003)

Gregory, R. L.: *The Oxford Companion the the Mind*. Oxford University Press (1987)

Hubel, D. H.: *Eye, Brain and Vision*. Scentific American Library (1995)

Hubel, D. H., Wiesel, T. N.: Receptive fields and functional architecture in two non-striate visual areas (18 and 19) of the cat. *Journal of Physiology* Nr. 28 (1965)

Hubel, D. H., Wiesel, T. N.: Receptive fields of single neurons in the cat's striate cortex. *Journal of Physiology* Nr. 148 (1959)

Hubel, D. H., Wiesel, T. N.: Receptive fields, binocular interaction and functional architecture in the cat's visual cortex. *Journal of Physiology* Nr. 160 (1962)

Hubel, D. H.: *Effects of deprivation on the visual cortex of cat and monkey*. In: Harvey Lectures, Series 72, Academic Press (1978)

Hüther, G.: *Bedienungsanleitung für ein menschliches Gehirn*. Vandenhoeck & Ruprecht (2002)

Jung, R., Kornhuber, H. H. (Hrsg): *Neurophysiologie und Psychophysik des visuellen Systems*. Springer (1961)

Kuffler, S. W., Nicholls, J. G.: *From Neuron to Brain*. Sinauer (1976)

Kuffler, S.: Discharge patterns and functional organization of the mammalian retina. *Journal of Neurophysiology* Nr 16 (1953)

Merlin, D.: *Origins of Modern Mind: Three Stages in the Evolution of Culture and Cognition*. Harvard University Press (1991)

Mishkin, M., Ungerleider, L. G., Macko, K. A.: Object vision and spatial vision: Two central pathways. *Trends in Neuroscience* Nr. 6: S. 414-417 (1983)

O'Shea, M.: *Das Gehirn, Eine Einführung*. Reclam, Stuttgart (2008)

Schiller, P. H.; Logothetis, N. K., Charles, E. R.: Functions of the colour-opponent and broad-band channels of the visual system. *Nature* Nr. 343: S. 68-70 (1990)

Schmidt, R. F., Schaible, H. G.: *Neuro- und Sinnesphysiologie*. Springer (2001)

Singer et all: *Neuronal representations and temporal codes*. In: Poggio, T. A. & Glaser, D. A. (Hrsg.) Exploring brain functions: Models in neuroscience (1993)

Tovee, M. J.: *The Speed of Thought. Information Processing in the Cerebral Cortex*. Springer Verlag (1987)

Literaturzeichnis

Ungerleider, L. G., Haxby, J. V., „What" and „where" in the human brain. *Current Opinion in Neurobiology* Nr. 4: S. 157-165 (1994)

Yarbus, D. L.: *Eye movements and vision*. Plenum Press (1967)

Zeki, S. M.: *A vision of the brain*. Blackwell (1993)

Zeki, S.: *Inner Vision*. Oxford University Press (2003)

Raum- und Tiefenwahrnehmung

Barlow, H.B., Blakemore, C., Pettigrew, J.D.: The neural mechanism of binocular depth discrimination. *Journal of Physiology* Nr. 193 (1967)

Blake, R., Hirsch, H.: Deficits in binocular depth perception in cats after alternating monocular deprivation. *Science* Nr. 190 (1975)

Braunstein, M. L.: *Depth Perception through Motion*. Academic Press (1976)

Gibson, E. J., Walk, R. D.: The „Visual Cliff". *Scientific American* Nr. 202: S. 64-71 (1960)

Hochberg, J.: *Perception II: Space and Movement*. In: Kling, J. W., Riggs, L. A. (Hrsg.) Woodworth and Schlossberg's Experimental Psychology. Holt, Rinehart & Winstone (1971)

Holway, A. H.: Boring, E. G. Determinates of apparent visual size wirh distance varients. *American Journal of Psychology* Nr. 54: S. 21-37 (1941)

Howard, I. P., Rogers, B. J.: *Binocular vision and stereopsis*. Oxford University Press (1995)

Hubel, D. H., Wiesel, T. N.: Cells sensitive to binocular depthin area 18 of the macaque monkey cortex. *Nature* Nr. 225 (1970)

Kaufman, L., Rock, I.: The Moon Illusion. *Scientific American* Nr. 207: S. 120-130 (1962)

Ogle, K. N.: *Researches in binocular vision*. Saunders (1950)

Plug, C., Ross, H.: The natural moon illusion: A multifactor angular account. *Perception* Nr. 23: S. 321-338 (1994)

Photographie

Adams, A., Baker, R.: *Das Negativ*. Verlag Christian (1998)

Adams, A., Baker, R.: *Das Positiv als photographisches Bild*. Verlag Christian (1998)

Anhang

Adams, A., Baker, R.: *Die Kamera*. Verlag Christian (2000)

Clements, J.: *Digitale Landschaftsfotografie*. Rowohlt (2003)

Cornish, J., Waite, C.: *Light and the Art of Landscape Photography*. AMPHOTO (2003)

Ctein: *Post Exposure*. Focal Press (2000)

Dasai, A., Russel. S.: *Essentials of Digital Photography*. New Riders Publishing (1997)

Davies, A., Fennesy, P.: *Digital Imaging for Photographers*. Focal Press (1998)

Eastman Kodak Company: *Digital Imaging Fundamentals – CD Training Series*. (1994)

Erickson, B., Romano, F.: *Professional Digital Photography*. Prentice Hall (1999)

Farace, J.: *Digital Imaging: Tips, Tools and Techniques*. Focal Press (1998)

Feininger, A.: *Andreas Feiningers Grosse Fotolehre*. Heyne (2001)

Fielder, J.: *Photographing the Landscape: The Art of Seeing*. Westcliffe Publications (1996)

Fitzharris, T.: *The Sierra Club Guide to 35 mm Landscape Photography*. Sierra Club Books (1994)

Gombrich, E. H.: *Art and illusion*. Phaidon (1959)

Hope, T.: *Landscape: The World's Top Photographers and the Stories Behind Their Greatest Images*. Rotovision (2003)

Johnson, S.: *Stephen Johnson on Digital Photography*. O'Reilly (2006)

Kemp, M.: *The Science of art: optical themes in Western art from Brunelleschi to Seurat*. Yale University Press (1990)

Langford, M.: *Advanced Photography*. Focal Press (1998)

Mante, H., Neumann, J. H.: *Objektive kreativ nutzen*. Verlag Photographie (1986)

Marchesi, J. J.: *Handbuch der Fotografie - Band 1*. Verlag Photographie (1999)

Marchesi, J. J.: *Handbuch der Fotografie - Band 2*. Verlag Photographie (1999)

Marchesi, J. J.: *Handbuch der Fotografie - Band 3*. Verlag Photographie (1999)

Marchesi, J. J.: *Photokollegium Teil 1*. Verlag Photographie (1991/92)

McClelland, D., Eismann, K.: *Real World Digital Photography: Industrial Techniques*. Peachpit Press (1999)

Peterson, B. F.: *Learning to See Creatively: Design, Color & Composition in Photography*. Watson-Guptill (2003)

Literaturverzeichnis

Peterson, B.: *Understanding Exposure*. AMPHOTO (1990)

Ray, S.: *Applied Photographic Optics*. Focal Press (1988)

Rowell, G.: *Mountain Light*. Sierra Club Books (1995)

Rowell, G.: *Galen Rowell's Vision*. Sierra Club Books (1993)

Schaefer, J. P.: *Basic Techniques of Photography*. Little, Brown and Company (1993)

Sigrist, M, Stolt, M.: *Die große Objektiv Fotoschule*. Umschau Buchverlag (2001)

Stroebel, L.: *View Camera Technique*. Focal Press (1999)

Stroebel, L., Compton, J., Current, I., Zakia, R.: *Basic Photographic Materials And Processes*. Focal Press (2000)

Stroebel, L., Zakia, R. (Hrsg.): *The Focal Encyclopedia of Photography*. Focal Press (1993)

Tillmanns, U.: *Fotolexikon - 1367 Fachbegriffe*. Verlag Photographie (1991)

Tillmans, U.: *Kreatives Grossformat – Grundlagen und Anwendungen*. Verlag Photographie (1992)

Tillmans, U.: *Kreatives Grossformat – Naturlandschaften*. Verlag Photographie (1994)

Walter, T.: *MediaFotografie analog & digital*. Springer (2005)

Weber, E. A.: *Sehen, Gestalten und Fotografieren*. de Gruyter (1979)

White, J.: *The birth and rebirth of pictorial space*. Faber and Faber (1967)

White, R.: *How Computers Work*. QUE (1998)

Wolfe, A., Davidson, A.: *Edge of the Earth, Corner of the Sky*. Wildlands Press (2003)

Zakia, R.: *Perception and Imaging*. Focal Press (1997)

Anhang

Stichwortverzeichnis

A

Abbildungsmaßstab 5, 73–74, 74, 84, 97, 98–104, 99–104, 100–104, 105, 107–109, 113–114
Absorptionsspektren 16
Achromatopsie 22–24
Achsenzylinder 26–28
Agnosie 21–24
Akkomodation 12, 52–53, 56–57
Amakrinzellen 13–14
Amygdala 34
Analog/Digital-Wandler 43–44, 47–48
  Bitbreite 47, 48
Atom 37–38, 41–44
Auditive Felder 34
Auge 4, 9, 10–11, 11–12, 17–20, 20–24, 29–33, 32–33, 45, 52–53, 56, 59, 62–64, 66, 69, 71–74, 78, 86–90, 95–96, 124–125
Axon. *Siehe* Achsenzylinder

B

Bahngleis-Täuschung 96
Belichtung 14–16, 37–38, 43–44, 44–45, 80
Belichtungskeime 37–38
Bildebene 12, 90, 111–113
Bildentstehung, photographische
  Entwickler 38
  Kanteneffekt 38
  latentes Bild 37–38
  Schwärzung 36–38
  Silber 36–38, 39–40, 40–41, 41–44
  Silberhalogenide 36–38, 40–41
  Silberhalogenidkristall 36–38, 39–40, 40–41
  Stoppbad 38
Bildgestaltung 71–74, 73–74, 78, 81, 118–121
Bildwinkel 69, 70–74, 109–113, 110–113
Binäres-System 46–48
Bipolarzellen 13–14
Bit, Byte 45, 46–48
Bitbreite 47, 48
Blooming 44–45, 49–50
Botenstoffe 15–16
Brennweite 5, 69–74, 78, 81–82, 95–96, 97, 98–104, 104–105, 106–109, 110–113, 112–113

C

Camera Obscura 12
CCD-Sensoren 44
Center/Surround Organisation 17, 18–20, 29–33, 30–33, 117–121
CGL. *Siehe* Corpus geniculatum laterale
Charakteristik-Kurve 6
Chiaroscuro 60, 61
Chiasma opticum. *Siehe* Kreuzung der Sehbahn
chromatische Aberration 66
CMOS-Chip 44–45
Computer 23–24, 46–48, 90
  Binäres-System 46–48
Corpus geniculatum laterale

Stichwortverzeichnis

CGL 21–24
   Läsionen 21–24
      Achromatopsie 22–24
      Agnosie 21–24
      Prosopagnosie 21–24
   Magno-Schichten 21–24
   Magnozellulär 23
   Parvo-Schichten 21–24
   Parvozellulär 23

D

digitale Aufnahmetechnik 41–44
Digitalkamera 44
Dunst. *Siehe* Mie-Streuung

E

Einfache Zellen 30–33
Elektron 37–38, 42–44
Elektronische Bildträger 41, 44–45
   Ausleseregister 44–45
   CCD-Sensoren 44
   CMOS-Chip 44–45
   CMOS-Elementen 44
   Halbleiter-Bauelemente 41–44
   Hotpixel 49–50
   Rauschen 48–49
   Sperrschicht-Photoeffekt 41–44
Emmert, Emil 94
Emmertsches Gesetz 94
Emotionen 34
Empfindlichkeit 16, 37–38, 45, 48–49, 50
Entwickler 38
Entwicklungskeime. *Siehe* Belichtungskeime

Enzymkaskade 15–16
Epithalamus 27–28
Evolution 10, 14, 22–24, 27–28, 46–48, 126–127

F

Fachkamera 87–90
Farbkonstanz 117–121
Farbkorrekturfilter 80
Farbphotographie 36–38
Farbtiefe 48
Farbwahrnehmung
   Was-System 21–24
Fischaugenobjektive 68–69
Fokusebene 73–74
Formkonstanz 117–121
Frontallappen. *Siehe* Stirnlappen

G

Ganglienzellen 13–14, 17–20, 20–24, 25, 31–33, 117–121
   Center/Surround Organisation 17, 18 20, 29 33, 30–33, 117–121
   Dendriten 20–24, 26–28
   Magno-Ganglienzellen 20–24, 25
   Parvo-Ganglienzellen 20–24, 25
   rezeptives Feld 20–24
Gehirn 4, 9, 10, 12, 17–20, 20–24, 25, 26–28, 32–33, 34, 53, 57, 62–64, 117–121, 124–125, 125–127
   Amygdala 34
   Auditive Felder 34
   Epithalamus 27–28
   Großhirn 27–28
   Hinterhauptlappen 28

Anhang

Hippocampus 34
Hirnstamm 27–28
Hypothalamus 24–25, 27–28
Kleinhirn 27–28
Mittelhirn 28
Olfaktorische Areale 34
Plastizität 32–33
Rückenmark 27–28
Scheitellappen 28, 33–34
Schläfenlappen 28, 33–34
Sehzentren 33–34
Stirnlappen 28
Thalamus 24–25, 27–28, 30
Zwischenhirn 28
Größenabbildung 5, 72–74, 97, 98, 99, 101, 103, 105
  Abbildungsmaßstab 5, 73–74, 74, 84, 97, 98, 98–104, 99, 99–104, 100–104, 101, 101–104, 102, 102–104, 103, 103–104, 104, 105, 107, 107–109, 108–109, 113–114, 114
  Aufnahmeentfernung und Brennweite 5, 97, 104, 105
  Maßstabsformel 99–104, 100–104
Größenwahrnehmung 5, 91, 92, 93, 95, 98
  Die Verrechnung der Entfernung 93
  Emmertsches Gesetz 94–96
  Holway und Boring 94–96
  Sehwinkel 5, 91, 92–93, 94–96
Großhirn 27–28

H

Halbleiter-Bauelemente 41–44
  Diode 43–44
  Gleichrichten 43–44
  n-Dotierung 41–44
  p-Dotierung 41–44
  Photodioden 43–44
  Sperrschicht 41–44
HDTV 24
Helligkeitskonstanz 117–121
Helligkeitswahrnehmung
  Wo-System 21–24
Hinterhauptlappen 28
Hippocampus 34
Hirnstamm 27–28
Horizontalzellen 13–14
Hornhaut 11, 12
Hyperkomplexe Zellen 31–33
Hypothalamus 24–25, 27–28

I

Informationsverarbeitung 4, 9, 16, 17–20, 21–24, 30–33
Iodopsine 15–16
Ion 37–38
Iris 11
Irisblende. *Siehe* Pupille

K

Kamera 10, 47–48, 49–50, 68–69, 69–74, 76, 76–78, 79–80, 86, 87–90, 104, 106, 107–109, 113, 119–121, 128–129
Kanteneffekt 38

Stichwortverzeichnis

Kleinhirn 27–28
Kniehöcker. *Siehe* Corpus geniculatum laterale
Komplexe Zellen 31–33
Kontrast 6–7, 23, 38, 44, 79 80, 81
Kontrastverstärkung 19–20
Konvergenz und Akkommodation 56
Körnigkeit 37–38
Kreuzung der Sehbahn 24–25
Kuffler, Stephen 17

L

Läsionen 21–24
laterale Hemmung 14
Lederhaut 10–11
Linse 10, 11, 12, 13, 56–57, 57, 66, 106–109, 109
Linsen 10, 100–104, 109
Luftperspektive. *Siehe* atmosphärische Perspektive

M

Mach, Ernst 17
Machsche Streifen 17
Magno-Ganglienzellen 20–24, 25
Magno-Schichten 21–24
Magnozellen 13–14
Magnozellulär 23
Makroaufnahmen 5, 97, 99–104, 106, 107, 108–109
　Balgengeräte 108–109
　Makroobjektive 107–109
　Zwischenringe 107–109
Mie, Gustav 64
Mie-Streuung 64–65

Mikrophotographie 107, 108–109
Mitochondrien 15–16
Mittelhirn 28
Mondtäuschung 95–96, 113
Motiv 38, 40, 64, 70–71, 76, 81–82, 82–84, 86–90, 99–104, 106, 108–109, 111–113, 118–121

N

Nachbilder 93–96
Nervensystem 16–20
Nervenzelle 20, 26–28
　Achsenzylinder 26–28
　Nervenzellfortsätze 26–28
　Zellkörper 26–28
Nervenzellen 4, 9, 13, 20–24, 26–28, 30–33, 33–34, 55–56
　Neuronengruppen 33–34
Netzhaut 4, 7, 9, 11–12, 12–13, 14, 20–24, 24–25, 29–33, 52–53, 54–56, 58–59, 92, 93–96, 116–121
　Amakrinzellen 13–14
　Bipolar 13–14
　Ganglienzellen 13–14, 17–20, 20–24, 25, 31–33, 117–121
　Horizontalzellen 13–14
　Magnozellen 13–14
　Parvozellen 13–14
　Photorezeptoren 4, 9, 10, 13–14, 15, 20–24, 26–28, 49–50, 93–96
　Stäbchenrezeptoren 16, 29–33, 36–38
　Zapfenrezeptoren 13–14, 15–16
Netzhautbild 63–64, 92, 93, 116–121
Neuron. *Siehe* Nervenzelle
Neuronen. *Siehe* Nervenzellen

Anhang

Neuronengruppen 33–34
Normalobjektive 71–74, 112–113

O

Objektiv 73–74, 81–82, 86–90, 88–90, 89–90, 99–104, 106–109, 110–113, 129
Okzipitallappen. *Siehe* Hinterhauptlappen
Olfaktorische Areale 34
Opsin 14–16
orthochromatisch 36–38

P

panchromatisch 36–38
Parietallappen. *Siehe* Scheitellappen
Parvo-Ganglienzellen 20–24, 25
Parvozellen 13–14
Parvozellulär 23
Perspektive 4, 5, 51, 52–53, 63–64, 64–65, 67, 68–69, 72–74, 76–78, 79–80, 81, 83, 86–90, 105
Photographie 1, 5, 6–7, 36–38, 45, 52–53, 68–69, 70–74, 79–80, 81–82, 86–90, 92, 97, 98, 100, 102, 104–105, 106, 107, 108, 109–113, 115, 117, 118–121, 127, 128–129
  Bildwinkel 69, 70–74, 109–113
  digitale Aufnahmetechnik 41–44
  Digitalkamera 44
  Divergenz 106
  Film
    Empfindlichkeit 16, 37–38, 45, 48–49, 50
    Körnigkeit 37–38
    orthochromatisch 36–38
    panchromatisch 36–38
  Gegenstandsweite 99–104
  Größenverhältnisse 44, 72–74, 74, 84, 93, 95–96, 98, 99–104, 105, 109–113
  Makroaufnahmen 5, 97, 99–104, 106, 107, 108–109
  Positivprozess 40
  Pushen 48–49
  Raumabbildung 5, 67, 68, 69, 71, 73, 75, 77, 79, 81, 83, 85, 87, 89
  SW-Negativfilm 39–40
Photopapier 39–40
Photopigmente 16
Photorezeptoren 4, 9, 10, 13–14, 15, 20–24, 26–28, 49–50, 93–96
  Absorptionsspektren 16
  äußere Segment 14–16, 15–16
  Enzymkaskade 15–16
  innere Segment 14–16, 15–16
  Membranscheiben 14–16, 15–16
  Pigment 14–16, 15–16
  Pigment-Bleichung 15–16
  synaptischen Körper 14–16, 15–16
Phototechnik 6, 68
Pigment-Bleichung 15–16
Pixel 19–20, 49–50, 114
Plastizität 32–33
Polarisationsfilter 80
Ponzo-Täuschung 96
Positivprozess 40
Primäre Sehrinde
  Einfache Zellen 30–33
  Hyperkomplexen Zellen 31–33

Stichwortverzeichnis

Komplexen Zellen 31–33
Plastizität 32–33
primären Sehrinde 24–25, 28, 29–33, 33–34
Schematischer Aufbau der 30
Prosopagnosie 21–24
Pupille 11–12
Pushen 48–49

R

Raumabbildung 5, 67, 68, 69, 71, 73, 75, 77, 79, 81, 83, 85, 87, 89
Atmosphärische Perspektive 64, 79
Augenperspektive 76, 76–78, 77
Blickrichtung 5, 58, 67, 69, 76, 76–78, 77, 86–90
Blickwinkel 5, 62–64, 67, 69, 69–74, 70–74, 71, 72–74, 73, 75, 87–90, 105, 110–113, 116–121
Ebenen 5, 67, 82, 82–84, 83, 85, 99–104
Farbperspektive 4, 5, 51, 65, 65–66, 66, 67, 80, 80–81, 81, 83
Froschperspektive 76, 76–78, 77
Kontrolle und Korrektur der Zentralperspektive 86
Maßstab 5, 67, 71–74, 82, 84, 85, 86, 100–104, 102–104, 103–104, 104, 106, 107–109
Panorama-Shift-Adapter 88–90, 89–90
Perspektiv-Korrektur 88
Relative Größe 4, 5, 51, 52, 60, 61, 67, 70–74, 78, 79, 83
Schärfe/Unschärfe 57, 81

Schattenwurf 4, 5, 51, 60, 61, 67, 78, 78–79, 79, 83
stürzende Linien 71–74
Verdeckung 4, 52, 52–53, 59, 59–60, 60, 78, 5, 51, 59, 60, 67, 77, 79
Weitwinkelobjektive 70–74, 71–74, 98–104, 105
Raumwahrnehmung 4, 51, 52, 53, 55, 57, 59, 61, 63, 65
Tiefe 7, 18–20, 24–25, 52–53, 54–56, 56–57, 58–59, 60, 61, 63–64, 64–65, 68–69, 78–79, 79–80, 80–81, 81–82, 84, 96
Zentralperspektive 4, 5, 51, 52–53, 62–64, 67, 68–69, 69–74, 86–90
Rauschen, elektronisches 48–49
Regenbogenhaut. *Siehe* Iris
Retina. *Siehe* Netzhaut
Retinal 14–16
rezeptive Felder 18–20, 30–33
Rezeptoren 10, 13–14
Rhodopsin 15–16
Rowell, Galen 6
Rückenmark 27–28

S

Scheitellappen 28, 33–34
Schläfenlappen 28, 33–34
Schlagschatten 61
Schwärzung 36–38
Schwarzweißphotographie 36–38
Sehloch. *Siehe* Pupille
Sehnerv 20–24
Sehpurpur 14–16
Sehstrahlung 24–25

Anhang

Sehwinkel 5, 91, 92–93, 94–96
Sehzentren 33–34
Shiftobjektiv 87–90
Silber 36–38, 39–40, 40–41, 41–44
Silberfilm 45, 48–49, 49–50
Silberhalogenide 36–38, 40–41
Silberhalogenidkristall 36–38, 39–40, 40–41
Silberion 37–38
Silizium 41–44
  Gitterstruktur des 41
Soma. *Siehe* Zellkörper
Stäbchenrezeptoren 16, 29–33, 36–38
  Rhodopsin 15–16
Stäbchenzellen 13–14, 15–16
Stereoskopie 4, 51, 52–53, 55, 57–58
  binokularen Neuronen 56
  disparate Netzhautpunkte 54–56
  gekreuzte Disparation 55–56
  Horopter 53–56, 57–58
  korrespondierende Netzhautpunkte 54–56
  nichtkorrespondierende Netzhautpunkte 54–56
  Querdisparationswinkel 54–56
Stirnlappen 28
Stoppbad 38
stürzende Linien 71–74
SW-Negativfilm 39–40
  Schematischer Aufbau 30, 39
Synapse 15–16, 27–28
Synapsen 15–16, 27–28

T

Teleobjektive 105
Temporallappen. *Siehe* Schläfenlappen
Thalamus 24–25, 27–28, 30
Tiefenkriterien, bewegungsinduzierte
  Bewegungsparallaxe 4, 51, 52–53, 58–59
  fortschreitende Zu- und Aufdecken von Flächen 52–53
Tiefenkriterien, binokulare
  Konvergenz und Akkomodation 52–53
  Stereoskopie 4, 51, 52–53, 55, 57–58
Tiefenkriterien, monokulare
  atmosphärische Perspektive 52–53, 74, 79–80, 83
  Farbperspektive 4, 5, 51, 65–66, 67, 80–81, 83
  relative Größe 52–53
  Schärfe und Unschärfe 4, 5, 51, 57, 67, 82–84
  Schattenwurf 4, 5, 51, 60, 61, 67, 78–79, 83
  Verdeckung 4, 52–53, 59–60, 78, 5, 51, 59, 60, 67, 77, 79
Tiefenkriterien, okulomotorische
  Konvergenz und Akkommodation 56
Tiefenschärfe 11, 58, 70, 73, 81, 82, 86, 109

Stichwortverzeichnis

U

Umkehrfilm 4, 6–7, 35, 36–38, 40–41
UV-Filter 80
UV-Licht 16

V

Valenzelektronen 41–44

W

Was-System 21–24
   Parvozellulär 23
Weitwinkelobjektive 70–74, 98–104, 105
Wellenlängenbereich 15–16, 64–65
Wo-System 21–24
   Magnozellulär 23

Z

Zapfenrezeptoren 13–14, 15–16
   Iodopsine 15–16
Zapfenzellen 13–14, 15–16
Zellkörper 26–28
Zentralperspektive 4, 5, 51, 52–53, 62, 62–64, 63, 67, 68–69, 69, 69–74, 86, 86–90, 87, 87–90, 89
   Texturgradient 62–64, 63, 63–64, 64
Ziliarmuskel 12
Zonulafasern 12
zweidimensionale Abbildung 52–53
Zweier Nummern-System. *Siehe* Binäres-System
Zwischenhirn 28

In dieser Reihe ebenfalls erschienen

Der 2. Band der Reihe *Photo*Wissen befaßt sich mit den visuellen und technischen Grundlagen von Helligkeit und Farbe.

Wie nehmen wir Helligkeit und Farbe wahr? Warum nehmen wir unsere Umwelt farbig wahr? Existiert ohne uns eine farbige Welt? Wie reproduzieren wir Helligkeits- und Farbeindrücke? Warum ist Farbmanagement nötig und wie funktioniert es? Wie erzeugen die photographischen Bildträger Helligkeit und Farbe? Welche Hinweise können wir aus der Arbeit des visuellen Systems für die Bildgestaltung ziehen?

*Photo*Wissen 2 Helligkeit und Farbe, 136 Seiten
90 Abbildungen, davon 67 in Farbe

Band 3 der Reihe *Photo*Wissen beleuchtet das Themenfeld Kontrast.

Was ist Kontrast und wie bestimmt man ihn? Warum ist der Kontrast für unsere visuelle Wahrnehmung entscheidend? Wie groß ist das Kontrastvermögen des visuellen Systems und von welchen Faktoren hängt es ab? Wie viele Tonwerte können wir in einem Photo wahrnehmen? Welche Erwartungen haben wir an die Kontrastreproduktion einer Photographie? Wie erfüllen wir diese Erwartungen in der analogen bzw. digitalen Photographie? Wovon hängt das Kontrastvermögen unserer Bildträger ab? Was hat es mit der Gammakorrektur auf sich? Welche Rolle spielt der Kontrast für die Belichtungsmessung?

*Photo*Wissen 3 Kontrast, 136 Seiten
78 Abbildungen, davon 24 in Farbe

Dieser 4. Band der Reihe *Photo*Wissen widmet sich dem Komplex der visuellen Schärfe.

Was ist visuelle Schärfe? Wieso sind Auflösungsvermögen und Kantenschärfe entscheiden für unseren Schärfeeindruck? Von welche Faktoren hängt das Auflösungsvermögen des visuellen Systems ab? Welche optischen Grundlagen bestimmen über die Abbildungsschärfe? Was ist Schärfentiefe und wie verhält sie sich im Hinblick auf die verschiedenen photographischen Stellschrauben? Wie beziffiert sich das Auflösungsvermögen der photographischen Komponenten und des Bildes? Wie können wir unseren Aufnahmen zu größerer Kantenschärfe verhelfen?

*Photo*Wissen 4 Schärfe, 156 Seiten
65 Abbildungen davon 21 in Farbe

Der 5. Band der Reihe *Photo*Wissen befaßt sich mit dem Licht, dem elementaren Bestandteil der Photographie.

Was ist Licht? Wie können wir es beschreiben und erzeugen? Wie ist die Beziehung zur Sonne, unserer Hauptlichtspenderin, beschaffen? Worauf basieren die photographisch bedeutsamen Lichtphänomene in der Atmosphäre? Was müssen wir beachten, um den Mond als Motiv ins Bild zu setzen oder als Lichtspender zu nutzen? Wie können wir die Sterne photographisch abbilden? Wie können wir die astronomischen Gegebenheiten für das beste Licht arbeiten lassen?

*Photo*Wissen 5 Natürliches Licht, 120 Seiten
60 Abbildungen, davon 20 in Farbe

www.ingramcontent.com/pod-product-compliance
Lightning Source LLC
Chambersburg PA
CBHW082333220526
45470CB00008B/2501